21世纪普通高等院校规划教材——土木工程类

U0296872

土木工程地质实习指导书

童建军　马德芹　主编

西南交通大学出版社
·成　都·

图书在版编目（CIP）数据

土木工程地质实习指导书：含报告书 / 童建军，马德芹主编．—成都：西南交通大学出版社，2011.6（2021.1 重印）

21 世纪普通高等院校规划教材. 土木工程类

ISBN 978-7-5643-1194-0

Ⅰ. ①土… Ⅱ. ①童… ②马… Ⅲ. ①土木工程 - 工程地质 - 高等学校 - 教学参考资料 Ⅳ. ①P642

中国版本图书馆 CIP 数据核字（2011）第 098750 号

21 世纪普通高等院校规划教材——土木工程类

土木工程地质实习指导书
（含报告书）

童建军　马德芹　主编

责 任 编 辑	高 平
特 邀 编 辑	孙中华
封 面 设 计	本格设计
出 版 发 行	西南交通大学出版社
	（四川省成都市金牛区二环路北一段 111 号 西南交通大学创新大厦 21 楼）
发行部电话	028-87600564　87600533
邮 政 编 码	610031
网　　　址	http：//press.swjtu.edu.cn
印　　　刷	四川森林印务有限责任公司
成 品 尺 寸	185 mm × 260 mm
总 印 张	7.875
总 字 数	191 千字
版　　　次	2011 年 6 月第 1 版
印　　　次	2021 年 1 月第 3 次
书　　　号	ISBN 978-7-5643-1194-0
套　　　价	19.00 元

图书如有印装质量问题　本社负责退换

版权所有　盗版必究　举报电话：028-87600562

前　言

　　土木工程地质实习是地质教学中十分重要的环节，其目的是运用和巩固课堂所讲的理论知识，提高对造岩矿物、岩石的感性认识，提高阅读分析地质图的能力，掌握铁路工程地质勘测的基本内容和方法，通过感性认识与理论知识的结合，为后续土木工程专业课程的学习以及将来工作中应用有关地质资料打下一定的基础。

　　本书是为满足地质实习的需要，根据土木工程地质教学大纲的基本要求，在以前土木工程专业土木工程地质实习讲义的基础上，总结了土木工程地质实习的教学经验，经我系测量与地质工程教研室审查并提出补充意见，经多次修改，最后定稿编写而成的。

　　全书分为四个部分：第一部分是室内实验，含有常见矿物、岩石肉眼和镜下观察五个实习；第二部分是课堂练习，包括阅读分析地质图、绘制地质剖面图两个实习；第三部分是野外实习，即峨眉山野外土木工程地质实习；第四部分为附件，即地质部分相关的图表。

　　由于时间仓促，不妥之处在所难免，恳请广大读者不吝赐教。

编　者
2011 年 2 月

目　录

第一部分　室内实验

第二部分　课堂练习

第三部分　野外实习

第四部分　附　件

第一部分

室内实验

实习一　造岩矿物的肉眼鉴定

一、目的和要求

1. 目　的

（1）认识造岩矿物的鉴定特征（形态、光学性质、力学性质等）；

（2）掌握和练习肉眼鉴定矿物的方法；

（3）学会正确使用"摩氏硬度计"；

（4）巩固矿物的概念，了解矿物的多样性与复杂性。

2. 要　求

描述几种常见的矿物。

二、实习内容

重点观察下列实习标本：石英、斜长石、正长石、黑云母、白云母、辉石、角闪石、橄榄石、方解石、白云石、高岭石、绿泥石、蛇纹石、滑石、石膏、石墨、石榴子石、黄铁矿、磁铁矿、赤铁矿、褐铁矿、硅灰石、重晶石。

（1）观察了解矿物的标准色谱标本；

（2）观察了解矿物的硬度标本；

（3）观察了解矿物的形态标本。

三、实习说明

1. 矿物的形态

按矿物的发育情况及生长方式可将矿物的形态分为单体形态和集合体形态。

（1）单体形态：根据单晶体在三度空间发育程度不同，大致分为三类：

① 粒状：单体在三度空间的发育程度基本相等，如黄铁矿（立方体）、磁铁矿（八面体）等。

② 板状、片状：晶体两向延长，如斜长石（板状）、白云母（片状）等。

③ 针状、柱状：晶体一向延长，如石英（锥柱状）、角闪石（长柱状）等。

（2）集合体形态：根据集合体中矿物结晶程度、颗粒大小可分为显晶集合体、隐晶和胶状集合体。

① 显晶集合体：肉眼可以辨认集合体中的矿物单体。按单体的形态及集合方式不同可分为：

粒状集合体：由许多粒状矿物单体集合而成，如橄榄石、磁铁矿。

片状集合体：由许多片状矿物集合而成，如白云母、黑云母。

纤维状集合体：由许多针状矿物晶体平行排列而成，如纤维石膏。

放射状集合体：由针状或柱状矿物晶体以一点为中心向外呈放射状排列而成，如放射状线柱石（菊花石）。

晶簇状集合体：由丛生于同一基壁上的矿物晶体集合而成，如石英晶簇、方解石晶簇。

② 隐晶和胶状集合体：肉眼不能辨认集合体中的矿物单体，但在显微镜下隐晶集合体能分辨矿物质的单体，胶状集合体为非晶质则不能看出其单体界线。隐晶集合体可以由溶液直接结晶而成，也可以由胶体沉积而来，按其外表形态可进一步划分为：

鲕状集合体：由许多呈鱼卵状的球体、椭球体所组成的矿物集合体，鲕状体的大小一般小于 2 mm，具有同心层状构造，如鲕状赤铁矿、鲕状灰岩。

肾状集合体：外表形态呈扁平长圆形，大小一般为几厘米，常见的如肾状赤铁矿等。

钟乳状集合体：在岩石的洞穴或空隙中，从同一基底向外逐层生长而形成的圆锥形、圆柱形或乳房状的矿物集合体，如方解石组成的钟乳状集合体。

2. 矿物的光学性质

矿物的光学性质是光线投射到矿物质后所产生的特性。这些性质表现的方面很多，实习中应主要学会观察矿物的颜色、条痕和光泽。

（1）矿物的颜色。

矿物的颜色通常用标准色谱红、橙、黄、绿、青、蓝、紫及黑、灰、白加上形容颜色的形容词来描述，如深绿、淡黄等；颜色介于二者之间的用二色法来描述，如黄绿、橙红等；另外还用类比法来描述矿物质的颜色，如铁黑色（磁铁矿）、铅灰色（方铅矿）、铜黄色（黄铜矿）、肉红色（正长石）、橄榄绿色（橄榄石）等。

（2）矿物的条痕。

矿物的条痕一般是在干净的无釉白瓷板上刻划获得并进行观察。如矿物的硬度大于瓷板，不能刻划出条痕时，则可把该矿物用干净小铁锤敲打成粉末，然后置于白纸上观察。不过这类矿物绝大多数为非金属矿物，条痕多为白色或无色，对矿物的鉴定没多大意义。

注意：获得条痕时，不可用力过猛，以免压碎矿物而得不到矿物的粉末。同时，测试的矿物应保证新鲜，否则不易获得矿物的真正条痕。

（3）矿物的光泽。

光泽应在矿物质的新鲜面上进行观察。注意矿物的解理面、晶面、断口上的光泽并不一致，如石英晶面的光泽为玻璃光泽，而其断口的光泽为油脂光泽。

3. 矿物的力学性质

矿物的力学性质是指矿物受外力作用所表现出来的各种性质，主要掌握矿物的解理、断口和硬度。

（1）矿物的解理。

解理只能在单个晶体中出现。因此只有在矿物晶体颗粒较大的情况下，肉眼才能看出解理，也可以用放大镜观察。观察解理面时要注意与晶体面的区别：晶体面上一般比较暗淡，仔细观察时常有各种晶面花纹和凹凸不平的痕迹。

（2）矿物的断口。

观察断口时应注意断口与解理的关系及断口的类型。

（3）矿物的硬度。

测定硬度时必须在矿物单体的新鲜面上测试，刻划时不宜用力过猛。另外，在刻划时有可能是用较小硬度的矿物去刻划较大硬度的矿物，常在被刻划的矿物表面留下一条粉末的痕迹。因此测试硬度时应把粉末擦去，看矿物表面有没有被刻伤的痕迹，然后再进行对矿物的相对硬度的判断。

4．其他理化性质

利用矿物的弹性、磁性、简单的化学反应等对矿物进行鉴定。如方解石遇稀盐酸强烈起泡，白云石遇稀盐酸微弱起泡，并可与镁试剂反应呈蓝色。

四、练习项目

（1）比较辉石和角闪石在形态上的区别；
（2）比较正长石、斜长石、石英在颜色上的区别；
（3）比较磁铁矿与赤铁矿在条痕上的区别；
（4）比较云母和纤维石膏、石英的晶面与断口在光泽上的区别；
（5）用"摩氏硬度计"中的矿物对其他矿物进行硬度测试；
（6）比较方解石、正长石、石英的解理发育情况。

五、作　业

将下列矿物加以鉴定，并填写矿物鉴定表：

橄榄石、辉石、角闪石、斜长石、石英、正长石、黑云母、白云母、石榴子石、高岭石、石膏、方解石、白云石、绿泥石。

实习二　岩浆岩的肉眼鉴定

一、目的和要求

1. 目　的

巩固岩浆岩的概念，练习肉眼鉴定岩浆岩的基本方法。

2. 要　求

掌握肉眼鉴定岩浆岩的方法，学会鉴定几种最常见的岩浆岩。

二、实习内容

观察下列岩石标本：橄榄岩、辉绿岩、辉长岩、玄武岩、闪长岩、闪长玢岩、安山岩、花岗岩、流纹岩、黑曜岩。

三、实习说明

（1）肉眼鉴定岩浆岩主要从岩石的颜色、矿物成分、结构和构造四个方面进行。

① 岩浆岩的颜色：岩浆岩的颜色主要取决于岩石中 SiO_2 含量的多少。一般 SiO_2 含量多时浅色矿物多，岩石呈白色、浅灰色、肉红色等较浅的颜色；SiO_2 含量少时暗色矿物多，岩石呈深灰色、深绿色、深褐色、黑色等较深的颜色，因此可根据矿物的颜色大致判断是哪一大类的岩石。观察岩石的颜色时应远观，观察岩石的总体色调。需要注意的是非晶质的喷出岩则不能用颜色来判定是哪一类岩石，如黑曜岩为酸性喷出岩，呈黑色。

② 矿物成分：矿物成分是岩石分类的依据，岩石中的中、粗粒矿物用肉眼可直接观察，颗粒较小时可借助放大镜进行观察，识别矿物成分时要准确，并估计每一种矿物的大致含量。在识别矿物成分时要注意正长石与斜长石、辉石与角闪石的区别。

③ 岩石的结构和构造：利用岩浆岩的结构和构造来确定岩浆岩产出位置——深成岩、浅成岩、喷出岩，进而确定岩浆岩的具体名称。

（2）描述实例：

岩石编号：×× 　　　　产地：××

描述：褐绿色，全晶质中粒不等粒结构，块状构造。其主要由绿色橄榄石组成，多呈不规则粒状，以 2 mm 左右为主，在 1~3 mm 内变化，粒度分布不均匀，也没有明显的粒度界限，新鲜面上有强烈的玻璃光泽，含量为 85% 左右；其次可见少量黑色和翠绿色的辉石，也多呈粒状，形状极不规则，有的可见解理，解理面呈玻璃光泽，含量为 10% 左右。此外偶尔可见褐黑色、细粒、光泽强的铬尖晶石和白色、土膜状的蛇纹石。

定名：辉石橄榄岩。

四、作 业

（1）按岩浆岩岩石鉴定表的要求描述以下标本：

橄榄岩、辉绿岩、辉长岩、玄武岩、闪长岩、闪长玢岩、安山岩、花岗岩、流纹岩、黑曜岩。

（2）按照描述实例中的格式描述花岗岩标本。

实习三　沉积岩的肉眼鉴定

一、目的和要求

1. 目　的

巩固沉积岩的概念及分类，学习肉眼鉴定沉积岩的基本方法。

2. 要　求

认识和鉴定几种常见的沉积岩。

二、实习内容

观察下列岩石标本与构造标本：

（1）岩石标本：砾岩、粗砂岩、中砂岩、细砂岩、粉砂岩、黏土岩、石灰岩、白云岩。

（2）构造标本：波痕、泥裂、虫迹、层理。

三、实习说明

（1）在观察沉积岩标本时先描述颜色，然后观察结构、构造和物质成分。

① 对于碎屑岩要分别描述碎屑成分和胶结物的成分，用肉眼直接观察或借助放大镜识别岩屑成分或矿屑成分，目估主要成分、次要成分的百分含量，观察碎屑物的磨圆度，一般分为棱角状、次棱角状、圆状、次圆状。根据岩石的颜色、坚硬程度或用简单化学试剂来确定胶结物的成分。铁质胶结的岩石坚硬，呈红色或紫红色；硅质胶结的岩石坚硬，呈白色；钙质胶结的岩石也坚硬，呈白色，但遇稀盐酸时碎屑之间起泡；泥质胶结的岩石疏松，呈土黄色；碳质胶结的岩石呈灰色到黑色。

② 碎屑岩的结构主要观察粒度和颗粒形状。砾状结构中粒度可用直尺测量，而小于 2 mm 的砂状、粉砂状可用铁锤轻轻压碎，放在厘米纸上用放大镜进行观察确定。

③ 黏土岩和化学岩一般呈致密块状，常常不易区分。在手标本上，黏土岩多含铁质或碳质，故常为红、黄、褐或黑色，化学岩呈灰色或白色，如两者都为黑色，则可用化学试剂进行鉴别，黑色的化学岩一般加稀盐酸会强烈起泡，而黏土岩用手摸时无粗糙感，容易污手。

④ 沉积岩都有层理构造，但中厚层以上的岩石其手标本上仅仅是单层的一部分，不要误认为无层理。观察波痕时要注意形态和物质粗细的分布情况等。

⑤ 沉积岩中常常留有生物遗体或遗迹——化石。

（2）手标本描述实例：

编号：×× 产地：××

描述：灰白色，中至细粒砂状结构、块状构造。碎屑在岩石中约占 80%；碎屑的粒径多为 0.2～0.3 mm，少数达 0.5 mm 或<0.1 mm，分选较好。碎屑多为圆到次圆状，磨圆好。碎屑成分主要是由石英组成。填隙物含量约为 20%，其成分为白云石（白色，硬度低，加稀盐酸不起泡），胶结类型为基底式。

定名：白云质石英砂岩。

四、作 业

（1）按沉积岩岩石鉴定表中的要求描述以下标本：

砾岩、粗砂岩、中砂岩、细砂岩、粉砂岩、黏土岩、石灰岩、白云岩。

（2）按描述实例的格式描述砾岩标本。

实习四　变质岩的肉眼鉴定

一、目的和要求

1. 目　的

巩固变质岩的概念，认识变质岩的矿物成分及结构、构造特征，学习肉眼鉴定变质岩的基本方法。

2. 要　求

认识变质岩的主要矿物成分及各种结构、构造特征，并根据这些特征鉴定几种常见的变质岩。

二、实习内容

本次实习主要是观察板岩、千枚岩、片岩、片麻岩、大理岩、石英岩等几种常见的变质岩。

三、实习说明

（1）变质岩的观察和描述内容与岩浆岩和沉积岩大体相似，但有其特殊性，即除了有关岩石的结构、构造和矿物组成之外，还需要确定变质岩的变质程度和恢复变质前的原岩类型。

（2）鉴定变质岩时，一般是先看岩石的结构与构造，若岩石具有碎裂结构，则按照动力变质岩来观察、分类和命名；若岩石具有变晶结构和片状构造，则按照区域变质岩来观察、分类和命名。变质岩中的矿物成分，一般具有特有的或大量的变质矿物，如石榴子石、绿泥石、绢云母、红柱石等，另外广泛发育纤维状、鳞片状、长柱状、针状矿物，它们常常定向排列形成片理。

（3）在确定变质程度时，通常根据变质矿物组合及构造类型来进行初步判断。在恢复原岩时，一般根据变余结构、变余构造、变余矿物及变质结构、变质构造及岩石化学成分来恢复原岩。

（4）岩石手标本的描述要点：岩石手标本的外表特征（颜色、色泽、断口等）；结构和构造；矿物成分和特征及其百分含量（若岩石具有斑状变晶结构，则按变斑晶和变基质的顺序进行描述，否则按含量的多少进行描述）；细脉穿插及填充情况、风化情况等；岩石命名，岩石命名是（岩石整体颜色）＋矿物成分＋基本名称。

（5）描述实例：

岩石编号：××   产　地：××

描述：绿黑色，略具定向结构，中粒等粒状变晶结构。矿物成分：普通角闪石，绿黑色，柱粒状，具有两组完全解理，含量约为 65%；斜长石，灰白色，玻璃光泽，具有完全解理，含量约为 35%。此外还可看到少量榍石。

命名：绿黑色斜长角闪岩。

原岩可能为云泥岩，属中等变质。

四　、作　　业

（1）按变质岩岩石鉴定表中的要求描述以下标本：

板岩、千枚岩、片岩、片麻岩、大理岩、石英岩。

（2）按描述实例的格式描述片麻岩标本。

实习五　显微镜下造岩矿物与岩石的特征

一、实习目的

（1）了解显微镜的主要构造、装置、使用和保养，学会显微镜的一般调节和校正方法。

（2）了解常见岩石、矿物在显微镜下的特征，掌握几种常见矿物与岩石的镜下特征。

二、实习内容

（1）了解偏光显微镜的主要构造及调节和校正方法。

（2）观察并描述石英、斜长石、正长石、石榴石、白云母、方解石、磁铁矿、榄石类、辉石类、角闪石、黑云母的镜下特征。

（3）观察并描述玄武岩、辉长岩、辉绿岩、花岗岩、石英砂岩、石灰岩、黏土岩、蛇纹岩、板岩、千枚岩、片岩、片麻岩的镜下特征。

三、实习说明

（一）晶体光学基础

光是一种电磁辐射，在各种波长的电磁波中能为人所感受的是 400 ~ 700 nm 的窄小范围，对应的频率范围是：$n = 4.010\,14 ~ 7.6$ Hz。这波段内电磁波叫可见光，在可见光范围内不同频率的光波引起人眼不同的颜色感觉。

1. 结晶质和非晶质

内部质点（原子、离子）具有格子状构造的固体物质称为结晶质，简称晶质。

非晶质是指内部原子排列无规律的，不具格子状构造的物体。非晶质的物质有宝石的欧泊、黑曜岩、陨石及玻璃等。

隐晶质是指那些内部由极微细的晶体集合而成，外观不呈晶体而呈块状产出的物质，如玛瑙。

2. 光的反射和折射

几何光学的三个实验定律：

① 光的直线传播定律：在均匀的、各向同性的透明介质中光沿直线传播。

② 光的独立传播定律：光在不太强时，传播过程中与其他光束相遇时，各光束相互不受影响，不改变传播方向，各自独立传播。

③ 光的反射定律和折射定律：

反射定律：反射光线在入射面内，入射光线和反射光线分居法线两侧，入射角等于反射角。

光的折射定律：荷兰科学家斯涅耳（Willebrord Snell van Roijen，1591—1626）发现对给定的任何两种相接触的介质而言，入射角的正弦与折射角的正弦之比为一常数，这一比值称为折射率，它可用 $\sin i/\sin \gamma = n$ 表示。

a. 临界角：当光线由光密介质进入光疏介质时，折射角大于入射角，随着入射角的增大，折射角也逐渐增大，当折射角等于 90°时，此时光线就不再进入光疏介质，而是沿着两介质的界面传播，该入射角被称为临界角。

b. 全反射：当入射角小于临界角时，则入射光线将离开光密介质进入光疏介质；反之，当入射角大于临界角时，则光线将全部返回光密介质，这种现象叫做光的全反射。

3. 光的偏振

光是横波，光的振动方向应始终与光的传播方向垂直。但是，在垂直于光的传播方向的平面内，光矢量还可以有不同的振动状态，我们称在垂直于光传播方向的二维平面内，光矢量的振动状态叫做光波的偏振态。

光波按偏振态来划分可分为三大类：自然光、完全偏振光、部分偏振光。

普通光源中包含许许多多分子和原子，不同的原子或分子所发光波，或同一原子不同时刻所发光波，其振动方向、振幅、初始相位各不相同。

在垂直于光传播方向的平面内，在观测最小时间间隔内，光振动在各个方向上的几率相同，没有那一个方向占更大优势，我们称这种光为自然光，见图5.1。

用来表示垂直于光传播方向的平面内，光振动方向的矢量图，叫做迎光矢量图。该图表示迎着光传播方向看到的光振动的情况。在迎光矢量图上，自然光是一些均匀分布的辐射线，见图5.2。

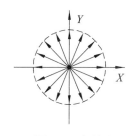

图 5.1　自然光

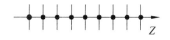

图 5.2　自然光的一种表示方法

（1）线偏振光。

这种偏振光，光振动电矢量总是在一个固定的平面内，所以这种偏振光又叫做平面偏振光。在与光传播方向垂直的平面内，电矢量端点的轨迹是一条直线，光振动只改变振幅大小而不改变方向。

（2）晶体的双折射现象。

一束单色自然光垂直入射于晶体的表面，进入晶体后，变为两束光。晶体绕入射光方向旋转，其中不动的一束称为寻常光（o 光），随着晶体旋转的称为非常光（e 光），见图 5.3。晶体中有一个方向，光沿这个方向传播不发生双折射，这个方向叫做光轴。包含光轴和光线本身的平面，称为该光线的主平面。

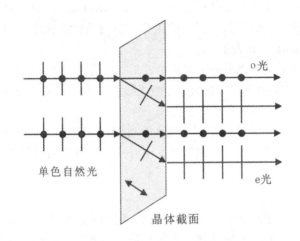

图 5.3　晶体的双折射现象

寻常光（o 光）是振动面垂直于自己的主平面的线偏振光，符合折射定律和反射定律；沿各个方向折射率相同，传播速度相同。

非常光（e 光）是振动面平行于自己的主平面的线偏振光，一般不符合折射定律，只有在垂直于光轴的方向传播时才符合折射定律；沿不同方向传播时其折射率各不相同，传播速度也不同。但沿光轴的方向传播时其折射率和速度与 o 光相同。

（3）偏振片及马吕斯定律。

某些双折射晶体，例如电气石，其对光振动垂直于光轴的线偏振光强烈吸收，而对光振动平行与光轴的线偏振光吸收很少（吸收 o 光通过 e 光），这种对线偏振光的强烈的选择吸收性质，叫做二向色性，如图 5.4 所示。

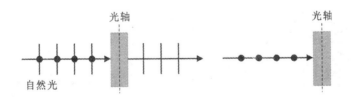

图 5.4　电气石的二向色性

这种二向色性晶体叫做偏振片。人造偏振片是由聚乙烯醇薄膜加热拉伸浸碘制成。人造偏振片有造价低、面积大等优点。

自然光经过偏振片后，变为振动面平行于偏振片光轴（透振方向），强度为自然光一半的线偏振光。因此，偏振片可作为起偏器，如图 5.5 所示。

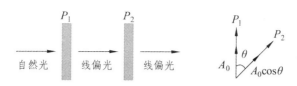

图 5.5　起偏器

若线偏振光的强度为 I_0，则透过 P_2 后的线偏振光的强度发生变化的规律称为马吕斯定律。P_2 绕着入射光旋转一周，当 $\theta = 0°$，$180°$ 时，出射光强最强，为 I_0；当 $\theta = 90°$，$270°$ 时，P_1 垂直于 P_2，出射光强为零。其他情况，其强度介于 I_0 和零之间，我们称观察到的这种现象为"两明两零"。只有入射线为偏振光时才有这种现象，因此偏振片也可作检偏器，任何偏振态的光透过偏振片后，都变为线偏振光。

所谓正交偏光显微镜，是指光学显微镜含有两个互相垂直的偏光片，用 PP 代表下偏光镜的振动方向，AA 代表上偏光镜的振动方向。由于自然光通过下偏光镜后，就成为振动方向平行 PP（下偏光镜的振动方向）的偏光，至上偏光镜时，因与上偏光镜的振动方向 AA 互相垂直，自然光完全不能透过，因此整个视域呈现黑暗。如样品颗粒（岩石薄片）在正交偏光镜间也呈现黑暗的现象，此称为消光现象。非均质体垂直光轴的切面以外的任何方向切面，在正交偏光镜间处于消光时的位置，称为消光位。在正交偏光镜下，透过下偏光镜的偏光，射入晶体（非均质体样品）时，必然要发生双折射，产生振动方向平行光率体椭圆切面长、短半径的两种偏光，即透过下偏光镜的偏光，在光率体的椭圆切面长、短半径方向上进行矢量分解。当光率体的椭圆切面长、短半径与上、下偏光镜的振动方向（AA、PP）一致时，从下偏光镜透射出的振动方向平行 PP 的偏光，可以透过样品而不改变原有的振动方向。当其到达上偏光镜时，因 PP 与 AA 垂直，透不过上偏光镜而使晶粒消光。旋转物台一周过程中，晶体的光率体椭圆半径与上、下偏光镜的振动方向（$PPAA$）有四次平行的机会，故岩石薄片（标准厚度为 0.03 mm）中这部分颗粒可出现四次消光现象（四次明暗交替）。

在正交偏光镜间呈现全消光的颗粒样品，可能是均质体矿物，也可能是非均质矿物垂直光轴的切片。而呈现四次消光的颗粒，则一定是非均质矿物，所以四次消光现象是非均质体的特征。

4. 晶体的光率体的概念

除等轴晶系以外的晶体，它具有使入射线分解成两条单独光线的结构，这两条光线彼此间是完全独立的，并以不同的路线传播，其传播速度互不相同，它是由于晶体的不同方向其折射率不同而引起的，也就是说，许多晶体具有一个以上的折射率。光波在晶体中传播时，不同振动方向晶体的折射值可以有所不同，为了形象地表示光波在晶体中传播时的特征，设想自晶体中心起沿光波的各个振动方向，按比例截取晶体在该方向上的相应的折射率值，再把各个线段的端点联系起来，便构成了所谓的光率体，它是光波振动方向与相应折射率值之间关系的一种光性指示体，可用椭球面方程 $X^2/n_1^2 + Y^2/n_2^2 + Z^2/n_3^2 = 1$ 表示，其中 n_1、n_2、n_3 为晶体的三个主折射率。光率体是从晶体的光学现象中抽象出来的立体概念，它反映了晶体光学性质中最本质的特性。它形状简单，应用方便，可以利用不同方向的晶体切面，在矿物折射仪上测出。

（二）显微镜的构造及调节和校正方法

1. 显微镜的构造（见图 5.6）

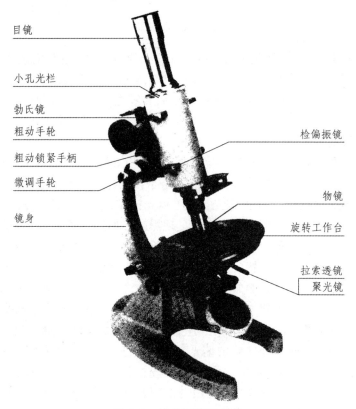

目镜

小孔光栏

勃氏镜

粗动手轮

粗动锁紧手柄

微调手轮

镜身

检偏振镜

物镜

旋转工作台

拉索透镜

聚光镜

图 5.6 偏光显微镜结构

2. 显微镜的调节和校正方法

（1）装卸镜头。

安装目镜，将选用的目镜插入镜筒，并使目镜十字丝位于东西、南北方向。双目镜筒还需调节两个目镜间的距离，使眼睛间距与双筒视域一致。安装物镜，将物镜上的小钉夹于镜筒下端弹簧中央的凹陷处，即可卡住物镜。

（2）调节照明（对光）。

装上目镜及中倍物镜（10×或8×）以后，轻轻推出上偏光镜及勃氏镜（或转出勃氏镜），打开锁光圈，目视镜筒内，转动反光镜使对准光源，直至视域最明亮为止。如果视域总是不亮，可去掉目镜或推入勃氏镜，观察光源像。若看不见光源，说明反光镜位置不对或有别的障碍。去掉障碍，转动反光镜直至光源照亮整个视域或其中央部分，再装上目镜或推出勃氏镜，视域必然明亮。注意不能把反光镜直接对准太阳光。

（3）调节焦距（准焦）。

调节焦距是为了使薄片中的物像清晰可见，其调节步骤如下：

①　完成装卸镜头及调节照明之后，将欲测矿片置载物台中心，并用载物台上的一对弹簧夹把矿片夹紧。必须使薄片的盖玻璃朝上，否则不能准焦，特别是使用高倍物镜时。

②　从侧面观察，转动粗动调焦螺旋，使镜筒下降或使载物台上升，直至镜筒下端的物镜与载物台上的薄片比较靠近为止。若使用高倍物镜时，必须使物镜几乎与薄片接触为止。

③　从目镜中观察，转动粗动调焦螺旋，使镜筒缓缓上升，或使载物台缓缓下降，至视域内物像基本清楚，再转动微动调焦螺旋，直至视域内物像完全清晰为止。

准焦以后，物镜前端与薄片平面之间的距离称工作距离。工作距离的长短与物镜的放大倍率有关。一般来说，物镜的放大倍率愈小，工作距离愈长；物镜的放大倍率愈大，工作距离愈短。在显微镜的说明书中可以查到不同放大倍率物镜的工作距离。

在调节焦距时，绝不能眼睛看着镜筒内而下降镜筒或上升载物台。因为这样很容易使物镜与薄片相碰，不仅压碎薄片而且易损坏物镜。使用高倍物镜时，尤应注意。因为高倍物镜的工作距离很短，准焦后物镜几乎与薄片平面接触。如果薄片上的盖玻璃向下放时，不仅根本不能准焦，而且最容易压碎薄片及损坏物镜。初学者最好先使用低倍或中倍物镜准焦后，再换用高倍物镜准焦。

（4）校正中心。

在偏光显微镜的光学系统中，载物台的旋转轴、物镜中轴及目镜中轴应当严格在一条直线上。此时，转动载物台，视域中心即目镜十字丝交点的物像不动，其余物像绕视域中心作圆周运动。如果它们不在一条直线上，当转动载物台时，视域中心的物像将离开原来的位置，连同其他部分的物像绕另一中心旋转。这个中心（O 点）代表载物台的旋转轴出露点位置。在这种情况下，不仅可能把视域内的某些物像转出视域之外，妨碍观察，而且影响某些光学数据的测定精度。特别是使用高倍物镜时，根本无法观察。因此，必须进行校正，使目镜中轴、物镜中轴与载物台旋转轴一致。这就是校正中心。

在偏光显微镜的光学系统中，目镜中轴是固定的，部分显微镜的载物台也是固定的，只能校正物镜中轴，有些显微镜的载物台也能校正。校正物镜中轴是借助于安装在物镜上或物镜旋转盘上的两个定心校正螺丝进行校正。校正载物台旋转轴是用安装在载物台上的两个定心螺丝进行校正。

在校正中心之前，必须首先检查物镜是否安装在正确的位置上。如果物镜没有安装在正确位置上，不仅不能校正好中心，而且容易损坏定心校正螺丝。在校正中心时，如果发现定心校正螺丝扭动困难或扭不动时，切勿强行扭动，应立即检查原因，或与实验室管理人员或指导老师联系。

（5）测定视域直径。

①　测量中倍或低倍物镜的视域直径，可以直接使用有刻度的透明尺测定。测定时，将透明尺置载物台中心部位，对准焦点后，观察视域直径的长度值，记录该数值以备日后查用。

②　测量高倍物镜的视域直径，可以使用物台微尺测定。物台微尺是嵌在玻璃片中心的一个小微尺。微尺的总长度 1～2 mm，其中刻有 100～200 个小格，每小格等于 0.01 mm。测量时将物台微尺置载物台中心，对准焦点，观察视域直径相当于物台微尺的多少小格。若为 20格，则视域直径等于 $20 \times 0.01 = 0.2$ mm。

（6）检查目镜十字丝。

测定某些光学性质时，目镜十字丝是否正交较为重要。检查时，先将具有直边的矿物颗粒置视域中心，使矿物的直边与目镜十字丝横丝平行，记录载物台读数；转动载物台 90°，观察矿物直边是否与十字丝纵丝平行，如果平行，说明十字丝是正交的，如果不平行，说明十字丝不正交，需作专门修理。

（7）校正偏光镜。

在偏光显微镜的光学系统中，上、下偏光镜振动方向应当正交，而且是东西、南北方向，并分别与目镜十字平行。其校正方法如下：

① 确定及校正下偏光镜的振动方向。

使用中倍物镜准焦后，在岩石薄片中找一个具极完全解理缝的黑云母置视域中心，转动载物台，使黑云母的颜色变得最深为止。此时，黑云母解理缝方向代表下偏光镜振动方向（因为光波沿黑云母解理缝方向振动时，吸收最强，颜色最深）。如果黑云母解理缝方向与目镜十字丝的横丝（东西方向）平行，则下偏光镜位置正确，不需要校正；如果不平行，转动载物台，使黑云母解理缝方向与目镜十字丝的横丝平行，旋转下偏光镜，直至黑云母的颜色变得最深为止。此时下偏光镜振动方向位于东西方向。

② 检查上、下偏光镜振动方向是否正交。

使用中倍物镜，调节照明使视域最亮，推入上偏光镜，如果视域黑暗，证明上、下偏光镜振动方向正交；如果视域不黑暗，说明上、下偏光镜振动方向不正交。如果下偏光镜振动方向已经校正至东西方向，则需要校正上偏光镜振动方向，转动上偏光镜直至视域黑暗为止（相对黑暗）。如果显微镜中的上偏光镜不能转动，则需要作专门修理。

经过上述校正之后，目镜十字丝应当严格与上、下偏光镜振动方向一致。但有些显微镜的目镜没有定位螺丝，使用过程中或更换目镜时，可能使目镜十字丝位置改变，因此，需要校正目镜十字丝的位置。

③ 检查目镜十字丝是否严格与上、下偏光镜振动方向一致。

在岩石薄片中选一个具极完全解理缝的黑云母，置视域中心，使黑云母解理缝与目镜十字丝之一平行，然后推入上偏光镜，如果黑云母变黑暗（消光），证明目镜十字丝分别与上、下偏光镜振动方向一致；如果黑云母不全黑暗（未达消光位），转动载物台，使黑云母变黑暗（达消光位），推出上偏光镜，旋转目镜，使十字丝之一与黑云母解理缝平行。此时目镜十字丝与上、下偏光镜振动方向一致。

（8）使用偏光显微镜的注意事项。

偏光显微镜是一种贵重精密的光学仪器，因此，在使用时应特别小心，注意爱护，并应自觉遵守以下原则：

① 使用前，应进行检查，仪器有无损坏，附件是否齐全；使用后，应在专用登记本上进行镜头纸擦拭，切勿用手或其他物品触摸。

② 薄片置于载物台上时，薄片盖玻璃必须向上。

③ 使用高倍物镜时，下降镜筒或提升物台，应从外侧看着使物镜下降至距薄片 2 mm 左右，转微动螺旋提升镜筒，以免造成薄片压碎、物镜损坏的严重后果。

④ 使用完后，要关好电源，然后将上偏光镜、勃氏镜推入，罩上镜罩，防止灰尘进入。

（三）造岩矿物的镜下特征

1. 石英（Quartz）

No = 1.544（α），1.538（β）；Ne = 1.553（α），1.546（β）；（＋）No-Ne = 0.009（α），0.008（β）

[结晶特点] 架状结构，高温变体β-石英为六方晶系，低温变体α-石英为三方晶系，在常压下两者转变温度为 573 ℃。

[光学性质]

颜色：无色、灰褐到黑、紫、绿、粉红色等；薄片中无色透明。颜色与含有的某些杂质有关。

突起：折射率略高于树胶，低正突起。

解理：无，有时有裂纹。

干涉色：最高干涉色为Ⅰ级黄白色，一般为Ⅰ级灰白色。

消光性质：柱状轮廓者为平行消光，因应力作用常见不同类型的波状消光。

双晶：薄片中不见双晶或极少见双晶。

延性符号：柱状晶体为正延性。

光性异常：有时因应力作用成为二轴晶，（＋）2V = 8°～12°或可达 20°，甚至 40°。

在应力作用下，石英可因压溶出现砂钟构造、"应力双晶"、不同类型的变形纹等。最近有人研究了花岗质构造岩中石英的液态包体同构造变形的关系指出：石英中许多液态包体弥合着因晚期脆性裂隙，大多数小包体同变形带的界限联系在一起，并沿此带的界限集中。

[鉴定特征]

低正突起，无解理，表面光滑，无色透明，无风化产物，Ⅰ级灰白干涉色和一轴正晶是其鉴定特征。

[产状及其他]

石英是地壳中仅次于长石的、分布很广的矿物，是岩浆岩、沉积岩、变质岩的常见组分。

2. 方解石（Calcite）

No = 1.658 –（1.740）；Ne = 1.468 –（1.550）；（－）No – Ne = 0.172 –（0.190）

[化学组成]

几乎是纯 $CaCO_3$，但可含有少量 Mn、Fe、Mg 及少量的 Pb、Zn、Sr、Ba、Re、Co 等。

[结晶特点]

不规则的等轴粒状，或具有菱形的晶体，或偏三角面体和菱面体的聚形、柱面与偏三角面体及菱面体的聚形，有时也呈鲕状、钟乳状、土状、球粒状、放射状集合体。在薄片中很少见到方解石的自形晶，多呈粒状产出。

[光学性质]

颜色：无色或白色，但因杂质可有灰、黄、浅红、绿蓝色，如为深玫瑰红色系含 Mn（5%±），浅绿色系含 Fe、Mg（Fe13%±，Mg7%±），粉红色系含 Co 等。薄片中无色。

突起：No 为中至高正突起，Ne 为低负突起，故闪突起十分显著。随 Ca 被其他离子代替，折射率值有所增加。

解理：极完全，通常成两组斜角相交的直线（切片垂直解理面时，交角为 75°），因双晶滑动可有裂开面。

干涉色：高级白。

消光性质：沿解理方向对称消光。

双晶：常具有沿菱形面的聚片双晶，接触双晶也常见。在薄片中双晶纹平行菱形解理的长对角线，有时还可见有环带。

延长符号：负延性。

色散：很强。

光性异常：由于应力作用及机械变形，方解石有时可有异常的二轴晶和不对称消光，且因产状不同而有不同大小的光轴角，但均小于 15°。但曾有实验表明，一般在 400 ℃ ~ 800 ℃，压力为 8 ~ 12 kPa 的条件下，可发生方解石—文石的相互转变，在冷却过程中，文石则变为复杂化的二轴晶方解石，2V = 0° ~ 20°。这表明，一部分二轴晶方解石可能是由文石转变而来的。

[鉴定特征]

在薄片中，方解石无色透明，有菱形解理及显著的闪突起，高级白干涉色，一轴负晶等重要特征，可与非碳酸盐矿物区别。

[产状及其他]

方解石是最常见的矿物之一，是沉积岩的重要矿物，也广泛出现于变质岩和岩浆岩中。在碳酸盐脉、热液矿脉、火山岩晶洞均有产出。在岩石的气孔中，方解石和沸石共生。

3. 正长石（Orthoclase）

Np = 1.516 – 1.529；Nm = 1.522 – 1.533；Ng = 1.523 – 1.539

[化学组成]

成分中以 K 为主，钠长石分子（Ab）可达 20%，有时甚至可达 50%，并常含少量 Fe^{3+}、Ba 和 Ca 以及微量的 Ga、Rb。

[光学性质]

颜色：常呈肤色，也有灰白色；薄片中无色，但常因表面风化而带混浊的灰色或肉红色。

突起：低负突起，折射率随含 Na 量以及杂质量的增多而略有增高。

解理：{001} 完全，{010} 较完全。{001} ∧ {010} = 90°。

干涉色：双折射率低，干涉色通常为 I 级灰至灰白。

消光性质：斜消光，消光角很小。

双晶：常发育卡斯巴双晶，有时见巴温诺、曼尼巴哈双晶，但不出现聚片双晶。

延长符号：负延性。

色散：r > v，水平色散，不显著。

[鉴定特征]

（1）与石英的区别是有解理和双晶，表面常混浊、负突起和二轴晶。

（2）与霞石的区别是有双晶，双折射率略高，二轴晶。

（3）与斜长石的区别是不具聚片双晶，次生矿物主要是高岭土。

4. 微斜长石（Microcline）

Np = 1.516 – 1.523；Nm = 1.522 – 1.528；Ng = 1.523 – 1.530

[结晶特点]

通常为不规则粒状，但可呈较自形的斑晶或变晶，经常与钠长石构成条纹，成微斜条纹长石，钠长石条纹呈脉状、膜状、分枝状、辫状等。微斜长石还可与钠长石构成环带。

[光学性质]

颜色：浅蓝色、肤红色（天河石为绿色），薄片中无色透明，表面常呈混浊的浅红褐色。

突起：低负突起，折射率随含 Ab 量增多而略为增高。

解理：{001}完全，{010}较完全。{001} ∧ {010} = 89°40′。

干涉色：双折射率低，干涉色通常为Ⅰ级灰至灰白色。

消光性质：斜消光，消光角很小，Np⊥{010} = 18°。

双晶：常发育似纺缍状的格子状双晶，有时有卡斯巴等简单双晶，少数情况下也可无双晶。微斜长石的格子双晶见于{001}面上，这点与斜长石不同。微斜长石还可与石英或正长石形成文象结构。

延长符号：正或负延性。

色散：r > v，水平色散，不显著。

[鉴定特征]

微斜长石与正长石极为相似，但可根据格子状双晶相区别，而且微斜长石一般 2V 较大，正长石 2V 中等。

[产状及其他]

微斜长石的产状与正长石相似，但微斜长石系低温产物，产于各种花岗质岩石及含碱性长石的深成岩中，也见于各种伟晶岩、细晶岩。在火山岩中微斜长石不发育；而在区域变质的结晶片岩、片麻岩中经常出现微斜长石；在碎屑沉积岩、砂岩、长石砂也可见到微斜长石。

5. 白云母（Muscovite）

Np = 1.552 – 1.570；Nm = 1.582 – 1.619；Ng = 1.588 – 1.624；Ng – Np = 0.036 – 0.054

[结晶特点]

通常是假六方板状、不规则的叶片状或叶片状集合体。绢云母则呈细鳞片状集合体。白云母主要为 2M1 型，但也有 3T 型（三个结构单元层，三方晶系），不过较为罕见。

[光学性质]

颜色：大多为无色或微带淡绿、浅红或浅红褐色，薄片中无色，较少呈浅绿、浅黄色。

突起：低正突起，在⊥{001}切面上可见较清晰的闪突起。

解理：{001}极完全。

干涉色：在⊥（001）面上最高干涉色可达Ⅱ级顶部到Ⅲ级，十分鲜艳。

消光性质：近平行消光，仅有 2°～3°的消光角。

双晶：依云母律呈现双晶，结合面{001}，双晶轴〔310〕，薄片中不显著，有时可见贯穿三连晶。

延长符号：平行解理方向为正延性。

色散：r > v，水平色散，不显著。

[鉴定特征]

无色，片状，突起中等并具弱闪突起，平行消光，Ⅲ级干涉色等特征。滑石和叶蜡石在光性上很像白云母，区别起来很困难，但滑石的光轴角更小，而叶腊石的光轴角则较大。透闪石具有闪石式完全解理，发育程度不如白云母，斜消光，2V 大；多硅白云母的 2V 较小；铬云母具有黄绿（Nm）至蓝绿（Ng）的多色性，均可与白云母相区别。白云母与钠云母或浅色金云母的区别一般需用 X 光粉晶法。

6. 黑云母（Biotite）

$Np = 1.571 - 1.616$；$Nm = 1.609 - 1.696$；$Ng = 1.610 - 1.697$；$Ng - Np = 0.039 - 0.081$

[化学组成]

成分很不固定，介于金云母和铁云母（羟铁云母）之间。成分中常有 Ti、Ca、Mn、Na，并可混有少量 V、Cr、Sr、Ba、Li、Cs 等。

[结晶特点]

通常呈假六方板片状晶体或垂直{001}的叶片状、鳞片状，还常呈似长柱状，有时呈弯曲状。黑云母中往往含有大量的包裹物。

[光学性质]

颜色：多色性，黑、绿、深褐、红褐色，褪色时呈金黄色，薄片中为褐、黄褐色。黑云母的突出特征是多色性及吸收性极强：$Ng = Nm > Np$。$Ng = Nm$—红褐色，Np—浅黄、灰黄、褐、褐绿、绿色。黑云母的颜色与 Fe^{3+}、Fe^{2+}、TiO_2 含量有关。

突起：中正突起，折射率随含铁量增多而增高。

解理：{001}底面解理极完全，并有{010}，{110}裂理。

干涉色：少铁种属最高干涉色为Ⅱ级，而铁云母可达Ⅳ级。但常因矿物本身的颜色很浓而使干涉色混浊。有时因褐帘石、锆石等放射性矿物包裹体呈现特征的球形多色晕。

消光性质：通常平行消光，但往往由于受力变形叶片弯曲而呈现波状消光。

双晶：{001}云母律双晶。一般不很显著。

延长符号：沿解理缝方向为正延性。

[变化]

黑云母经常易于蚀变而褪色，双折射率降低，最主要的是转变成绿色的绿泥石。遭水化时呈现金黄色称为水黑云母，水黑云母进一步水化可变成蛭石。黑云母可进而变为角闪石，也可由角闪石蜕变而成黑云母。含钛黑云母在蚀变时，常可分解而形成针状金红石、磁铁矿、细粒钛铁矿或榍石。

有时可见有被绿帘石、碳酸盐、石英的集合体代换的矿物假象。黑云母还可变化为白云母或矽线石。喷出岩中的黑云母斑晶周围常有暗化边，主要由磁铁矿、辉石、长石构成。

[鉴定特征]

黑云母的特征明显：黑褐色，多色性显著，吸收性强，片状，极完全解理，平行消光，正延性，（－）2V 小。与金云母的区别在于金云母颜色较浅，多色性弱。与褐色普通角闪石的区别是角闪石斜消光，2V 大。褐色电气石的吸收性公式与黑云母相反，黑硬绿泥石的 Np 方向为金黄色。

[产状及其他]

黑云母在三大岩类中都有广泛的分布，尤其在片麻岩、云母片岩、千枚岩、中酸性岩浆岩以及云母煌斑岩等岩类中占有显著的地位。

7. 普通辉石（Augite）

Np = 1.671 – 1.743；Nm = 1.672 – 1.750；Ng = 1.694 – 1.772；Ng – Np = 0.024 – 0.029

[结晶特点]

晶体呈短柱状，集合体通常为半自形至他形粒状，横断面常近于八边形。

[光学性质]

颜色：多色性，绿黑至黑色；薄片中无色、浅褐色或浅黄色。富 Fe 和 Ti 的变种。

具弱多色性：Ng—浅绿、灰绿，Nm—浅黄、绿，Np—浅绿、浅黄、绿。

突起：高正突起。

解理：完全。∧ = 87°，具{100}、{010}裂理。

干涉色：Ⅰ级顶部到Ⅱ级，一般不超过Ⅱ级中部。

消光性质：横断面上对称消光；多数纵切面上斜消光，⊥{010}的纵切面平行消光。含 Fe 和 Ti 高的变种消光角可达 55°以上。

双晶：{100}简单双晶或聚片双晶，常见{001}聚片双晶。

[鉴定特征]

普通辉石与角闪石的区别是后者折射率较低，解理夹角不同（56°），具明显多色性，消光角较小，且为负光性。与透辉石的区别是：① 透辉石的手标本颜色较普通辉石浅，普通辉石呈绿黑、黑色。② 透辉石{100}及{010}较普通辉石发育，普通辉石{110}发育，故透辉石近四边形，普通辉石近八边形。③ 透辉石最大消光角经常在 40°以下，普通辉石最大消光角为 35°~48°。经常在 40°以上，含铁和钛较多的普通辉石消光角可达 55°。④ 透辉石双折射率较高，一般在 0.025 以上；而普通辉石常很低，在 0.025 以下。与橄榄石的区别是具辉石式解理，干涉色较低，柱面上有解理，斜消光，而且光轴角亦较小。普通辉石的光轴角 2V 大于镁铁辉石和铁辉石，而小于次透辉石和低铁次透辉石；消光角 Ng^c 大于铁辉石，均可据之相区别。

[产状及其他]

普通辉石为岩浆岩中最常见的辉石种属，主要见于基性岩及超基性岩中，如辉长岩、辉绿岩、玄武岩、辉石岩和橄榄岩中。在某些中性岩、酸性岩及正长岩中有时也有出现。在安山岩及粗面岩中常成为斑晶，也见于某些结晶片岩中。陨石中少见，月岩中则很常见。

8. 普通角闪石（Common hornblende）

Np = 1.620 – 1.681；Nm = 1.630 – 1.691；Ng = 1.638 – 1.701；Ng – Np = 0.018 – 0.020

[化学组成]

普通角闪石是一种含 Al、Fe^{3+}购单斜角闪石，Al 和 Fe^{3+}的比例变化很大，并往往含有少量的 Ti、Mn、Cr、V 等，其化学成分分类界限总的为：（Ca + Na）B≥1.34，NaB<0.67，（Na + K）A<0.50，Si = 6.25 – 7.49。而根据 Mg/（Mg + Fe^{2+}）≥0.50 称镁角闪石，Mg/（Mg + Fe^{2+}）<0.50 称铁角闪石。普通角闪石（hornblende）的冠以前缀的亚种很多，是以（Na + K）A，Mg/（Mg + Fe^{2+}）和 Si 的数值划分的。

[结晶特点]

晶体沿 c 轴呈长柱状、杆状、针状，或呈短柱状、纤维状、叶片状。有时可具环带构造，还可有锆石、褐帘石、磷灰石、榍石等矿物的包体，还可见有同镁铁闪石呈平行连生。

[光学性质]

颜色：多色性，墨绿至黑色；薄片中具绿色和褐色两种（前者含 Fe^{2+} 高，后者含 Fe^{3+} 高），有强的多色性和吸收性：Ng>Nm>Np。褐色种属：Ng—暗褐色、红褐色，Nm—褐色，Np—浅褐色。绿色种属：Ng—深绿色、深蓝绿色，Nm—绿色、黄绿色，Np—浅绿色、浅黄绿色。

突起：中-高正突起，折射率随含铁量增多而增高。

解理：{110}解理完全，有{001}裂理。

干涉色：最高干涉色为Ⅱ级底部，但常受矿物本身颜色的干扰而不易辨别。

消光性质：横切面对称消光，$\perp${010}的纵切面为平行消光，其余的纵切面为斜消光，在{010}面上最大消光角通常小于27°。

双晶：{100}简单或聚片双晶比较常见，横切面上双晶缝平行菱形的长对角线。

延长符号：沿晶体延长和解理方向为正延性。

[变化]

普通角闪石易蚀变为黑云母、绿泥石、绿帘石和碳酸盐矿物以及纤维状阳起石、绢云母，石英，磁铁矿。某些低 Al 的普通角闪石还可变为蛇纹石；褐色角闪石变为绿色种属时可次生有榍石。在火山岩中的角闪石常具有磁铁、黑云母等构成的暗化边，这成为鉴别该岩类的一个标志之一。

[鉴定特征]

长柱状，强多色性，横切面具角闪石式解理，纵切面仅见一个方向解理，斜消光，消光角一般小于 25°，正延性，负光性，是其重要的鉴定特征。

普通角闪石和普通辉石在手标本上不易区分，在光性上却有显著不同。普通辉石具辉石式解理，横断面为八边形，无色或浅色，不显多色性，消光角 Ng^c>30°；二轴正晶等均与之不同。电气石为一轴晶，反吸收性，无解理、有裂理也可与之区别。黑云母则以突起略低、极完全解理、近平行消光和较高的干涉色、很小的 2V 角区别于普通角闪石。

[产状及其他]

普通角闪石分布极广，三大类岩石中都有产出，尤其在角闪岩、中酸性岩浆岩及其脉岩以及角闪斜长片麻岩——角闪片岩、结晶片岩等变质岩中大量出现，是中性侵入特征矿物，也见于沉积碎屑矿物中。浅闪石主要产于白云质灰岩的接触带。在喷出岩中则多以斑晶或晶屑形式产出。

（四）岩石薄片观察描述

1. 岩浆岩薄片观察描述内容与实例

（1）观察描述的主要内容。

首先要通览整个薄片，应用各种矿物的主要光性特征鉴别矿物种属，同时统计（或估计）

各种矿物含量；观察、对比并记述各种矿物的晶形、自形程度及矿物间的相互关系，确定岩石结构（选择有代表性的视域绘镜下素描图）。

然后根据主要矿物的统计（或估计）含量，通过必要的换算，选择相应的图解投影，确定岩类，再结合结构和次要矿物种属对岩石给予正确的命名。

（2）观察描述实例。

岩石由下列矿物组成：① 石英，25%±，粒径 1.0 mm±；② 更长石，20%±，粒度 0.7 mm×2.0 mm；③ 钾长石（微斜长石），50%±，粒径 1.0 mm±；④ 黑云母，5%±。

黑云母较自形，但因被熔蚀而使晶形不完整；更长石呈半自形柱粒状；微斜长石和石英呈他形不规则粒状。

主要矿物成分的统计含量及换算：

Q（石英）= 25%；A（碱性长石——微斜长石）= 60%；P（斜长石——更长石）= 15%，Q + A + P = 100%。

定名：中粒黑云母花岗岩。

2. 沉积岩薄片观察描述内容和实例

（1）观察描述的主要内容。

主要组分及其分布特征——结构、构造（典型视域素描图）。

主要组分及其光性特征、性状、分布及鉴定名称，统计（或估计）含量。

定名：根据颜色、结构、构造、物质组分命名或图解投影命名。

（2）观察描述实例。

岩石主要由不等粒、杂乱分布的碎屑石英、长石、岩屑及泥质基质组成，含少量鳞片状白云母碎屑，具典型的不等粒砂状结构。

碎屑石英（Q）：（单偏光镜下）无色，多呈次棱角状，正低突起，粒度不均匀，一般粒度为 0.2～0.8 mm；（正交镜间）一级灰白干涉色，个别有波状消光现象，含量≈55%。

碎屑长石（F）：（单偏光镜下）无色、洁净，呈板状碎块，负突起低（折光率与树胶很接近，但略小于树胶），可见解理，一般粒度为 0.2～0.4 mm；（正交镜间）一级灰白干涉色，可见钠长石双晶，属斜长石，含量 20%±。

岩屑（R）：以中至基性侵入岩岩屑为主，（单偏光镜下）呈不均匀的浅绿至淡黄褐色。呈不规则的次棱角状，粒度为 0.5～1.5 mm，含量 5%±。

基质：以泥质为主，含少量铁质，（单偏光镜下）呈黄色，局部铁染呈浅黄褐色，集中分布在碎屑颗粒空隙间，含量 20%±。

定名：泥质岩屑长石砂岩。

3. 变质岩薄片观察描述内容和实例

（1）观察描述的主要内容。

通过矿物成分的光性特征、形态、百分含量、与其他矿物的关系及次生变化、结构、构造特征对薄片进行详细定名，并分析成因。

（2）观察描述实例。

斑状变晶结构，基质具鳞片花岗变晶结构，片状构造。变斑晶为十字石（含量约 10%）、石榴石（约 10%）和黑云母（约 5%），基质由石英（约 50%）和白云母（约 25%）组成。

十字石变斑晶：柱状，大小不等，一般 2 mm×3.5 mm，大的 >10 mm，具特征的金黄色（Ng）—淡黄色（Np）多色性，高正突起，一组完全解理，一级干涉色，平行消光，正延性。变斑晶有大量细粒石英包裹体，构成筛状变晶结构。

石榴石变斑晶：等轴粒状，粒径为 2~2.5 mm，淡褐色，极高正突起，裂纹发育，正交镜下全消光。含有大量细小石英包裹体，多在核部集中分布。

黑云母：鳞片状，大小 0.6×1.8~2×5 mm，中正突起，一组极完全解理，具黑褐色（Ng）—黄色（Np）多色性，吸收性 Ng>Np。常可看到绿泥石沿黑云母边缘和解理方向交代黑云母的现象。

基质中石英等轴他形粒状，粒度 0.02~0.1 mm，颗粒边界平直，常见二面角 120° 的三联点，说明结构平衡。白云母细小鳞片状，长 0.05~0.1 mm，无色，中正突起，二级鲜艳明亮的干涉色，平行消光，连续定向排列，构成片理。此外基质中尚有微量磁铁矿和电气石。

十字石（St）+ 石榴石（Gt）+ 黑云母（Bi）+ 白云母（Ms）+ 石英（Q）是十字石带富铝泥质变质岩典型矿物组合，绿泥石是峰期后蜕变质产物。

定名：十字石石榴石白云母片岩。

四、作 业

（1）观察并描述以下矿物薄片：

石英、斜长石、正长石、白云母、黑云母、方解石、辉石、角闪石。

（2）观察并描述以下岩石薄片：

玄武岩、辉长岩、辉绿岩、花岗岩、石英砂岩、石灰岩、黏土岩、板岩、千枚岩、片岩、片麻岩。

第二部分

课堂练习

实习六　阅读分析地质图

一、目的要求

（1）明确地质图的概念，了解地质图的图式规格。

（2）了解阅读地质图的一般步骤和方法。

二、实习说明

1. 地质图的图式规格（以附图一为例）

（1）一幅正规的地质图应该有图名、比例尺、图例和责任表。

① 图名表明所在的地区和图的类型，一般采用图区内主要城镇、居民点或主要山岭、河流等命名，如果比例尺较大、图幅面积小，地名小不为众人所知或同名多时，则在地名上要写上所属的省（区）、市或县名。如"北京门头沟区地质图"、"四川省江油县马角坝地质图"，图名用端正美观的字体写于图幅上端正中或图内适当的位置。

② 比例尺用以表明反映实际地质情况的详细程度，地质图的比例尺与地形图的比例尺一样，有线条比例尺和数字比例尺。比例尺一般注于图框外上方图名之下或下方正中位置。

③ 图例是一张地质图不可缺少的部分。不同类型的地质图各有其表示地质内容的图例，普通地质图的图例是用各种颜色和符号来表明地层、岩性和岩体时代的，图例通常放在图框外的右边或下边，也可放在图框内足够安排图例的空白处。图例要按一定的顺序排列，一般按地层、岩石和构造的顺序来排列，并在它们的前面写上"图例"两个字。地层图例的排列一般是从上到下、从新到老，若放在图的下方，一般是从左向右、从新到老排列。构造符号的图例放在地层、岩石图例之后，一般顺序是：地质界线、褶皱轴迹（构造图中才有）、断层、节理以及层理、劈理、片理、流线、流面和线理产状要素，除断层线用红线（若为黑白图则用粗黑线）外，其余都用黑色线。对地层界线、断层线是实测的与推断的，图例与图内应有所区别。另外，凡是图内表示出的地层、岩石、构造及其他地质现象就应无遗漏地有图例，图内没有的就不能例入图例，地形图的图例一般不标注在地质图上。

④ 图签主要是方便查找地质图和明确责任，因此又称责任表，一般放在图框外右下方。

（2）地质剖面图。

正规的地质图常有一幅或几幅切过图区主要构造的剖面图。剖面图也有规定的格式。

① 剖面图如单独绘制时，要标明剖面图图名，通常是以剖面所在地区地名及所经过的主要地名（如山峰、河流、城镇、居民点）作为图名。如周口店（图幅所在地区）太平山—升平山地质剖面图。如为图切剖面并附在地质图下面，则只以标号表示，如 I—I′地质剖面图，A—A′地质剖面图。剖面在地质图上用一细线标出，两端注明剖面代号，如 I—I′、A—A′，在

相应剖面也相应注上同一代号。

② 剖面图的比例尺应与地质图的比例尺一致，如剖面图附在地质图的下方可不再注明水平比例尺，但垂直比例尺应标注在剖面两端竖直的直线上，垂直比例尺下边可以选比本区最低点更低一点的某一高程（可选至 0 以下）的一条水平线作为基线，然后以基线为起点在竖直线上注明各高程数。如剖面图垂直比例尺放大，则应分别注明水平比例尺和垂直比例尺。

③ 剖面图两端的同一高度上必须注明剖面方向（用方位角表示）。剖面所经过的山岭、河流、城镇等地名应标注在剖面的上方位置上。为了醒目美观，最好把方向、地名排在同一水平位置上。

④ 剖面图的放置一般南右北左、东右西左，南西和北西端在左，北东和南东端在右。剖面图与地质所用的地层符号、色彩应该一致，如剖面图与地质图在一幅图上，则地层图例可省略。

⑤ 剖面图内一般不要留有空白。地下的地层分布、构造形态应根据该处地层厚度、层序、构造特征适当加以推断绘出，但一般不宜推断过深。

（3）地层柱状图。

正式的地质图或地质报告中常附有工作区的地层综合柱状图。地层柱状图可以附在地质图的左边，也可以绘成单独的一幅。比例尺可根据反映地层详细程度的要求和地层总厚度而定。图名书写于图的上方，一般标为"××地区综合地层柱状图"。

综合地层柱状图是按工作区所有出露地层的新老叠置关系恢复成水平状态切出的一个具有代表性的柱子，在柱子中表示出各地层单位或层位的厚度、时代及地层系统和接触关系等。一般只绘地层（包括喷出岩），不绘侵入体，但也可以将侵入岩体按其时代及与围岩接触关系绘在柱状图里。岩性柱的宽度可根据所绘柱状图的长度而定，使之宽窄适度、美观大方，一般为 2～4 cm。

图内各栏可根据工作区地质情况和工作任务而调整。

2. 阅读地质图一般步骤和方法

（1）读图步骤：

① 阅读地质图首先要看图名、比例尺。从图名、图幅代号和经纬度来了解图幅的地理位置和图的类型；从比例尺可以了解图上线段长度和面积大小，并可以反映地质体大小及详略程度；图幅编绘出版年月和资料来源，便于查明工作区研究史。

② 阅读图例。熟悉图例是读图的基础，首先要熟悉图幅所使用的各种地质符号，从图例中可以了解图区出露的地层及其时代、顺序，地层间有无间断，以及岩石类型时代等。读图时最好与图幅地区的综合地质柱状图结合起来读，了解地层时代顺序和它们之间的接触关系（整合或不整合）。

③ 分析地形特点。在比例尺较大的地形地质图上，可从等高线形态和水系特征来了解地形特点。在中小比例尺的地质图上，一般无地形等高线，可根据水系分布、山峰高程的分布变化来分析地形的特点。

④ 分析地质概况。读图时一般要分析地层时代、层序、岩石类型、性质岩层、岩体及其相互关系。对于分析地质构造方面主要是褶皱构造的形态特征、空间分布、组合和形成时代；断裂构造的类型、规模、空间组合、分布和形成时代及其先后顺序；岩浆岩体产状、原生、次生构造以及变质岩区所表现的构造特征等。读图分析时，可以边阅读、边记录、边绘示意剖面图或构造纲要图。

⑤ 阅读地质图实例。以黑山寨地区地质图为例，如图 6.1 所示。

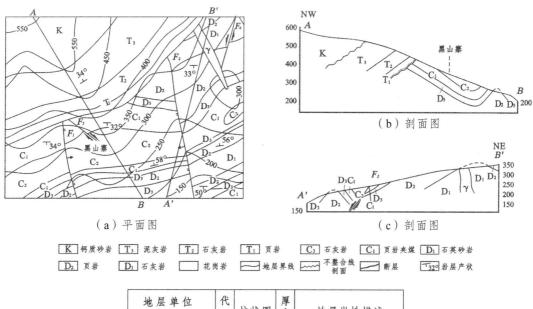

（a）平面图　　（b）剖面图　　（c）剖面图

K	钙质砂岩	T_3	泥灰岩	T_2	石灰岩	T_1	页岩	C_3	石灰岩	C_1	页岩夹煤	D_1	石英砂岩
D_2	页岩	D_1	石灰岩		花岗岩		地层界线		不整合线剖面		断层	$\underset{32°}{\top}$	岩层产状

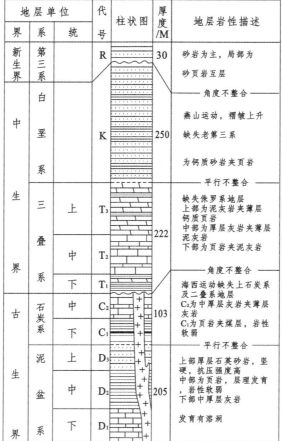

（d）地层柱状图

图 6.1　黑山寨地区地质图 1∶1 000

31

a. 本图是 1.2 km² 的 1∶10 000 比例尺地质图。

b. 从图例的地层时代可知主要是古生界至中生界的沉积岩层分布，并有花岗岩(γ)出露。在 C_2 之后，曾有两次上升隆起（K-T_3 及 T_1-C_2 间不整合接触）。

c. 区地势西北高（550 m 以上），东边为高 330 m 的残丘，且有河谷分布。

d. 区内有两大的正断层（F_1、F_2）和黑山寨向斜构造，并有两处不整合。图内西北部是一单斜构造，地层走向 NE63°，倾向 NW∠34°。由断裂褶皱构造表明，在 T_1 之前是受到同一次构造运动的影响，T_1 之后未出现断裂构造。

e. 地质发展历史分析。在 D 至 C_2 期间，地壳进行缓慢下降运动，该区处于沉积平面以下接受沉积；C_2 以后，地壳剧烈变动，地层产生褶皱、断裂，并伴有岩浆活动，地壳随后上升，形成陆地，受到剥蚀；至 T_1 又被海侵，接受海相沉积；至 T_3 后期地壳大面积上升，该区再次形成陆地。J 期间，地壳暂处宁静，受风化剥蚀；至 K 又缓慢下降，处于浅海环境，形成钙质砂岩；在 K 后期，地壳再次变动，东南部受到大幅度抬升，岩层发生倾斜；中生代后期至今地壳无剧烈构造变动。

三、作 业

（1）阅读分析"太阳山地区地质图"（附图一）；
（2）阅读分析"朝松岭地区地质图"（附图二）。

实习七　绘制地质剖面图

一、目的要求

学会在地质图上绘制图切剖面图的方法。

二、实习说明

在根据地形地质图切制地质剖面图时，由于岩层产状及地质构造类型不同，则切制方法存在着一些差别。

（1）水平岩层地区地质剖面图的绘制方法和步骤（以图 7.1 李家庄地形地质图为例）。

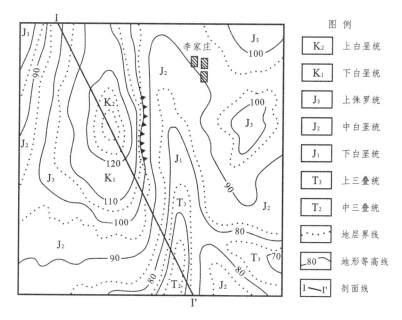

图 例

K₂	上白垩统
K₁	下白垩统
J₃	上侏罗统
J₂	中白垩统
J₁	下白垩统
T₃	上三叠统
T₂	中三叠统
⋯	地层界线
80	地形等高线
I—I'	剖面线

（a）李家庄地形地质图

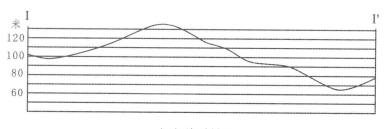

（b）地形剖面

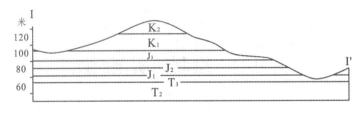

（c）地质剖面图

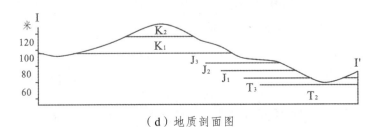

（d）地质剖面图

图 7.1　水平岩层地质图及剖面图

① 选择剖面线。水平岩层地区地质图的图切剖面位置，应选择在通过全区地形最高点和最低点岩层出露最全的地区，当剖面线位置确定好后，要在地质图上将其明显标出，并在两端注明编号，如图 7.1（a）所示。

② 确定剖面制图比例尺。一般图切剖面的比例尺应与地形地质图相同，图中水平比例尺与垂直比例尺应一致，但特殊层（如矿层及标志层）可以适当夸大表示。此外，在地形起伏很缓及岩层厚度太薄等特殊情况下，允许适当放大垂直比例尺。

③ 切制地形剖面。

a. 先在图纸上画一个水平基线，其长度与剖面线长度相等，画水平基线时，要位置适中，保证整个剖面图完成后图面结构合理，布局美观。

b. 在水平基线两端或左端画一条垂直线，并将其划分为若干等分，每一等分的长度按比例尺计算要与地形等高线的等高距相等，并在其旁注明海拔高程，等分线段的数目要略多于剖面线所切过不同高程等高线的数目。然后轻轻连接垂直线上各相同高程的点，使它们成为平行水平基线的等高线。

c. 在地形地质图上，将剖面线与各地形等高线的交点，按其水平位置先投影到水平基线上，然后根据水平基线上各点的高程，从左至右依次与垂直方向上相应高程线各交于一点，并将各点用光滑曲线连接起来，即勾绘出地形剖面线，如图 7.1（b）所示。

④ 勾绘地质界线。将地形地质图上的剖面线与各地层、标志层及矿层等分界线的交点垂直投影在地形剖面线上，对照地质图并把地形剖面线上同性质层面出露的相同高程两点用直线连接起来，这些线就是地质界线。需要注意的是水平岩层的地质界线在地质剖面图上应该是水平的，若连出的界线是倾斜的，则需查明原因，以便进行改正。勾绘地质界线时，仅需勾绘地形剖面线以下部分，而以上部分已被剥蚀一般不用绘出，即使剖面线以下部分也不用像图 7.1（c）那样画满，只需要从地形线起绘 1~2 cm 长即可，如图 7.1（d）所示。对主要

地层及矿层界线则需全部连出。当地质界线全部绘好后，再按规定图例注明各地层、标志层及矿层代号和岩性符号。

⑤ 整饰图件。完成以上工作后，需要进行检查，对发现的错误应立即进行修正，然后注明图名、比例尺、剖面方向、图例、图签及剖面所经过的各大村镇、河流、山峰等。最后按规定整饰图面，使其符合图式规格，达到整洁美观。

（2）在倾斜岩层地质图上切制地质剖面图。

在倾斜岩层地区地质图上切制地质剖面图，其作图方法大体上和水平岩层地区地质剖面图的切制方法相同，但在切制剖面图时要注意下列几个方面的问题。

① 选择剖面线之前要仔细阅读和分析地质图，了解图幅内各地层的时代、层序、产状、分布及其与地形起伏和分布的关系。剖面线方向应尽可能垂直区域地层走向，且通过所有地层及地层起伏最大地段。剖面选好后需在地质图上注明位置和编号。

② 地质剖面图的比例尺一般要与地形图相同，如需放大，则水平比例尺也应一致放大，避免歪曲剖面地形和岩层倾角，如图 7.2 所示。

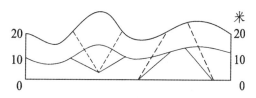

图 7.2　放大垂直比例尺对地形及岩层产状的影响

如在特殊情况下，必须放大垂直比例尺时，则应按下列公式换算或查阅表 7.1 变换岩层倾角：

$$\tan\alpha' = n\tan\alpha$$

式中　n——垂直比例尺放大倍数；

　　　α——岩层真倾角；

　　　α'——垂直比例尺放大 n 倍后的岩层倾角。

表 7.1　剖面垂直比例尺放大后岩层倾角大小歪曲结果表
（根据米兰诺夫斯基简化至 0.5°）

垂直比例尺相对放大倍数	真　　倾　　角																
	5°	10°	15°	20°	25°	30°	35°	40°	45°	50°	55°	60°	65°	70°	75°	80°	85°
×2	10	19	28	37	43	50	54.5	59	63.5	67	71	74	77	80	82.5	85	87.5
×3	15	30	39	47.5	54.5	60	65	68.5	72	74.5	77	79	81	83	85	87	88
×4	19	35	47	55.5	62	66.5	70	72.5	76	78	80	82	83	85	86	87.5	89
×5	23	41.5	53	61	67	71	74	77	79	81	82	83	85.5	86	87	88	89

③ 当剖面线方向与岩层走向垂直或基本垂直时，剖面图上的岩层界线按真倾角绘

制。若剖面线方向与岩层走向不垂直，二者所夹锐角<80°时，剖面图上岩层界线应按视倾角绘制。

④ 在地质剖面图上用规定的图例将不整合明确表示出来。此外，在画角度不整合构造时，要先画不整合面以上岩层，后画不整合面以下岩层。

（3）绘制褶皱地区图切剖面图。

根据褶皱地区地质图切制地质剖面图的步骤和方法，与切制水平岩层及倾斜岩层地质剖面图基本相同，但需注意以下几个方面的问题。

① 分析图区地形和构造特征。

作图前应仔细阅读地质图，分析图幅内组成褶皱构造的地层，褶皱的展布方向和形态特征、次级构造、断层及岩浆活动情况，以及构造、岩性与地形起伏的关系等问题，做到心中有数。

② 选择剖面线。

剖面线尽可能垂直褶皱轴线方向，并通过全褶皱构造主要褶皱构造。

③ 地质剖面图的作图方法。

在条件不同的情况下，褶皱地区地质剖面图的作图方法也不相同。

a. 地质图上无地形等高线且褶皱岩层的厚度及产状无详细记载时，在这种情况下，地质剖面图的作图方法如图 7.3（a）所示。

• 假定地面水平，则地形剖面线可用水平线代替。

• 在地质图上选择一层出露次数最多的地层，并以它在地质图上的最小露头宽度作为其地层的厚度（注：图 7.3 中的 m 为最小露头宽度）。

• 在地质剖面图上，以所选地层上层面与剖面线的交点为圆心，以它在地质图上的最小露头宽度为半径画弧，从该地层下层面分界点起引此圆弧的切线，则此切线即为该地层的下层面界线。用这种方法得出该地层在剖面上所有露头点的底面界线后，再用光滑曲线将该岩层各底面界线连接起来，即画出该地层的褶皱形态，如图 7.3（b）所示。

• 剖面上所切过的其他地层界线露头点，可按照上述褶皱形态依次勾绘出这些地层界线，即绘制出整个地质剖面，如图 7.3（c）所示。

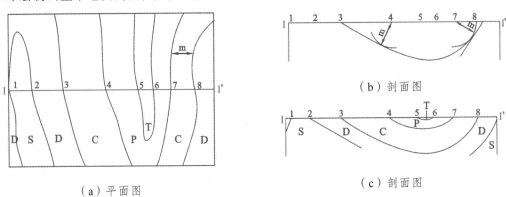

（a）平面图　　　　（b）剖面图　　　（c）剖面图

图 7.3　无地形等高线时地质剖面图的编制方法

在使用此法编连地质剖面时，应注意褶皱的分枝或次一级褶皱的影响，否则将会导致出现错误，如图 7.4 所示。

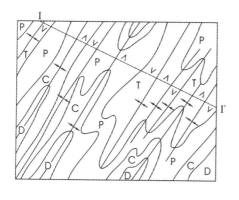
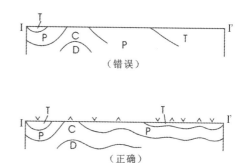

图 7.4　有次级褶皱时地质剖面图的编辑

b. 当地质图上有地形等高线且岩层厚度及岩层产状均有较详细记载时，在这种情况下，地质剖面图的编制方法与水平岩层地区及倾斜岩层地区地质剖面图的编制方法基本相同。在作图时要注意以下几个问题：

• 剖面线切过褶皱岩层，当发现褶曲一翼仅有局部地段的岩层产状不协调时，如图 7.5（a）所示，应在保持岩层厚度不变的情况下，将局部较陡或较缓的岩层向深部加以修改，使之逐步与岩层主要产状一致，如图 7.5（b）所示。

（a）未修正倾角前剖面图

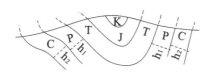

（b）修正倾角后剖面图

图 7.5　局部岩层产状的修正

• 当使用的地形地质图比例尺较小，地层产状发生变化原因又无法确切查明，此时切勿按各岩层产状生硬作图，如图 7.6（a）所示。要采用编构法编制地质剖面图，具体作图方法如图 7.6（b）所示，先在各地层界线露头点 a，b，c，…，h，i 处，按已知产状轻轻画出各地层界线，垂直各地层界线作垂线，并延长与相邻垂线相交于 1，2，3，…，7，8 等各点；以各点为圆心，以相邻两垂线至地层界线交点的距离为半径，画相邻两垂线间的弧线；将各相同地层界线的弧线相连，便勾出褶皱构造的弯曲形态，经修饰后即画出地质剖面图。这种方法是建立在岩层厚度稳定、产状逐渐变化的基础上，因此理想成分很重，一般仅具有几何意义。

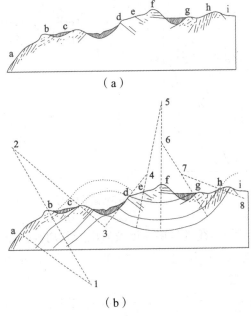

（a）

（b）

图 7.6 用编构法编制地质剖面图

当使用的是大比例尺地形地质图，图内岩层厚度、产状及构造形态以及它们在空间的变化情况均研究的较为清楚的情况下，可直接根据实际资料或深部的工程控制所取得的确切资料，进行编联地质界线及勾绘褶皱形态。

● 在绘制褶曲折端时，一方面在保持岩层厚度基本不变的情况下，可根据褶曲岩层产状的变化趋势来勾绘，如图 7.7 所示；另一方面根据已知道的褶曲枢纽倾伏角，可先在纵剖面上求出枢纽的埋藏深度，然后再根据岩层面两翼产状顺势勾绘出转折端形态，如图 7.8 所示。

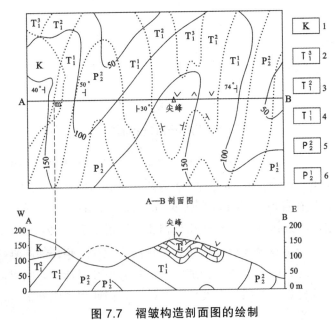

图 7.7 褶皱构造剖面图的绘制

1—砾岩；2—泥岩；3—泥灰岩；4—灰岩；5—页岩；6—砂岩

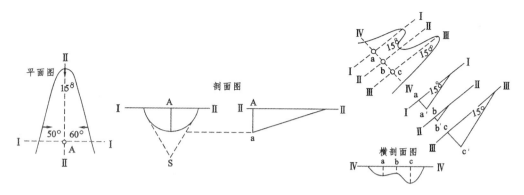

图 7.8 转折端形态的绘制方法

● 当剖面切过不整合界线时，可在地质剖面图上先画出不整合面以上的构造形态，然后再画不整合面以下的构造形态。被不整合面所掩盖的地质界线，可先在地质图上顺其走向展布趋势延至剖面线 m 点，再将该点投影到剖面中的不整合面上，然后从此点起画出在不整合面以下的地质界线，如图 7.7 所示。

三、作 业

（1）绘制"朝松岭地形地质图"（附图二）剖面图；
（2）绘制"暮云岭地形地质图"（附图三）$A—B$ 剖面图；
（3）绘制"金山镇地质图"（附图四）$A—B$ 剖面图。

第三部分

野外实习

实习八 峨眉山野外土木工程地质实习

一、实习目的、任务和要求

峨眉山野外土木工程地质实习既是一次认识性的实习，又带有生产实习的特点，是整个教学计划中的一个十分重要的实践性教学环节。

1. 实习目的

运用和巩固课堂所学的土木工程地质理论知识，提高对各种地质现象的认识和分析能力，初步掌握土木工程地质勘测工作的基本内容和方法。

2. 实习任务

对实习区内比较直观、典型的地质现象进行观察描述和初步分析，对土木工程地质勘测工作的方法和技能进行初步训练。

3. 实习要求

要求每个学生都要进行观察、描述和记录，绘制黄湾—龙门洞一线的工程地质平面图及详细工程地质纵剖面图，编写工程地质总说明书和各类建筑物工程地质说明书。

二、实习的内容

1. 观察和描述

（1）观察图区内岩石类型：

① 沉积岩：碎屑岩——砾岩、砂岩、粉砂岩；黏土岩——泥岩、页岩；

化学岩——石灰岩、白云岩。

②岩浆岩：喷出岩——峨眉山玄武岩；

侵入岩——花岗岩。

（2）地形、地貌：查明地形、地貌形态的成因和发育特征，以及地形、地貌与岩性、地质因素的关系，划分沿线的地貌单元。

（3）地层层序和地层接触关系：正常层序和倒转层序；整合接触、假整合接触和不整合接触；岩层产状——水平、倾斜、直立。

（4）地质构造：褶皱、节理、断层。

（5）第四纪沉积物（土）：冲积层、洪积层、残积层、坡积层。

（6）水文地质：河流、地下水（井）、泉等。

（7）不良地质：风化作用、滑坡和崩塌等对道路、水利工程的破坏。

2．工作方法与技能

（1）地质锤、罗盘仪、放大镜和地形图的使用。

（2）面状构造产状的测量与记录。

（3）地形图上地质点、地质界线的标定，观察点的观察和记录内容等。

（4）地质素描图（信手剖面图）的绘制原则、格式、内容。

（5）矿物与岩石的野外识别。

（6）地质构造（褶皱、节理、断层）的观察描述与野外识别。

3．工程地质勘察

（1）滑坡、崩塌地段的工程地质勘察。

（2）黄湾大桥的工程地质勘察。

（3）龙门洞隧道的工程地质勘察。

（4）黄湾车站的工程地质勘察。

三、实习安排

（1）实习动员；

（2）踏勘实习区；

（3）黄湾—龙门洞；

（4）龙门洞—清音电站；

（5）分专业（方向）对桥址、隧址、路基（边坡）、站场进行工程地质勘测；

（6）室内整理。

四、实习说明

（一）峨眉山自然状况

1．位置与交通

峨眉山雄踞四川盆地西南隅，邛崃山脉最南支，地处四川省峨眉山市。主峰万佛顶位于北纬 29°30′32″，东经 103°19′55″，坐落于峨眉山市西南。

峨眉山地区交通较为发达，公路密如蛛网。北可抵成都，南可至峨边、西昌，东可到乐山，西可达洪雅县高庙，成昆铁路穿越山麓南北，往来十分方便，如图 8.1 所示。

2．地形与水系

峨眉山按海拔高程、相对高程、成因和形态可划分为：强烈切割的大峨褶皱断块高中山；中等切割的二峨侵蚀溶蚀中山；脚盆坝—龙门洞河以北中等切割的褶皱中山；山麓地带是龙马山、红珠山等具有残丘特征的低山及由西南向东北倾斜的峨眉平原等地貌单元。该地区总的地形特点是西、南高，东、北低。故本区大小河流的流向是由西向东、由南向北，属大渡河水系，大渡河在乐山注入岷江。区内主要河流如图 8.2 所示。

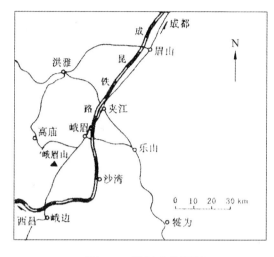

图 8.1　峨眉山位置图

图 8.2　峨眉山地区水系图

3. 气　候

平畴崛起的峨眉山，巍然屹立，气候垂直分带十分显著（见表 8.1）。山麓平原地区属中亚热带季风湿润气候，冬暖夏热、四季分明，降水集中在夏季；山地中部为冬长夏暖的山地温带气候；山顶为亚高山寒温带气候，冬季漫长寒冷，终年阴湿无夏。

表 8.1　峨眉山气温及降水量

项目 地区及海拔	月平均气温/°C						年平均气温	年平均降水
	一月	三月	五月	七月	九月	十一月		
金顶 3 000 m	−5.9	0	6.1	12.0	8.0	−0.3	3.1	1 958.8
雷洞坪一带 2 500 m	−3.7	2.7	10.9	15.5	11.3	2.3	6.0	
洗象池一带 2 000 m	−1.0	5.1	13.6	18.2	14.0	5.0	9.0	
仙峰寺 1 500 m	1.7	8.1	16.3	20.9	16.7	7.7	12.0	
洪椿坪、万年寺 1 000 m	4.4	10.8	19.0	23.6	19.4	10.4	14.0	
报国寺、市区 500 m	7.1	13.5	21.7	26.3	22.1	13.1	17.2	1 593.8

（二）峨眉山地质概况

1. 地　层

峨眉山地区的地层除志留系、泥盆系和石炭系地层完全缺失外，从震旦系顶部到第四系均有出露。其中除前震旦系和上二叠统下部为岩浆岩外，其余是一套碳酸盐岩、碎屑岩和泥质岩总计厚度七千余米，地层特征见表 8.2。

表 8.2　峨眉山实习区主要地层简表

年代地层单位		代号	厚度/m	岩 性 简 述
第四系		Q	0～130	冲积层、洪积层、残积层、坡积层
侏罗系		J	1 247	上部以砖红、紫红色泥岩为主，夹少量砂岩及粉砂岩；中部和底部为紫灰、灰绿、灰黄、紫红色等的砂岩、粉砂岩及泥岩的回旋层组成
三叠系	上统	T_3	699	上、中部为灰、深灰色砂岩、粉砂岩、泥岩、碳质页岩及煤层或煤线的旋回层；底部为深灰、灰黑色薄-中层状灰岩、泥灰岩、泥岩或页岩的韵律层。由下而上灰岩减少，泥岩增多
	中统	T_2	450	上部为白云岩、含膏白云岩、夹膏溶角砾岩；中部以灰岩为主；底部为云泥岩及中层状白云岩
	下统	T_1	480	上部以白云岩为主，最顶部为水云母黏土岩；中部为灰岩、砂岩、粉砂岩及泥岩的旋回层；底部为紫红色砂岩、粉砂岩及泥岩旋回层
二叠系	上统	P_2	326	上部为紫红、灰绿、黄绿等色的砂岩、粉砂岩、泥岩及煤层回旋层；下部为微晶、隐晶、斑状及杏仁状玄武岩组成
	下统	P_1	288	上、中部为灰、深灰色中-巨厚层状的石灰岩，夹少量薄层泥岩；底部为灰、灰黑色页岩、泥岩夹少量砂岩及粉砂岩，局部夹煤线
前震旦系	峨眉山花岗岩	Y_2		灰白、肉红色花岗岩

2. 岩浆岩

峨眉山地区的岩浆岩可分为侵入岩和喷出岩两大类，侵入岩为峨眉山花岗岩，喷出岩为峨眉山玄武岩。

峨眉山花岗岩位于峨眉山背斜核部，出露于张沟、洪椿坪、石笋沟等处。峨眉山花岗岩呈灰白色、肉红色，似斑状结构或不等粒结构，矿物成分以钾长石居多，含量在 50% 左右，其次为斜长石和石英，有少量白云母等。

峨眉山玄武岩是大陆裂谷环境下的喷溢产物，广泛分布于滇、黔、川接壤地带，面积达 30 多万 km^2。峨眉山地区的玄武岩形成于晚二叠世早期，出露范围北起桂花场以北二道坪，南至大为，东抵沙湾三峨山，西达若蒿坪，面积约 200 km^2。清音电站实测厚度为 258 m。峨眉山的主峰万佛顶就是由玄武岩组成的，并形成单面山的构造坡。峨眉山玄武岩呈青灰色、灰色、暗绿色，常常具有五-六边形的柱状节理、斑状结构或微晶-隐晶结构。斑状结构的玄武岩，斑晶的成分为斜长石，基质为斜长石、辉石、绿泥石、玄武玻璃；隐晶-微晶结构的玄武岩，矿物成分与斑状结构的玄武岩相似，只是粒度较小。另外，还有杏仁状玄武岩，杏仁体含量一般在 15% 左右，但也可高达 30%，形状多样，大小不一，成分主要为石英、方解石、绿泥石、蛋白石等。

3. 地质构造

峨眉山位于扬子地台西部边缘，由一系列复背斜和复向斜组成，断裂纵横交错，教学区内褶皱构造主要有牛背山背斜、桂花场向斜，断裂构造主要有报国寺断层和牛背山断层，如图 8.3 所示。

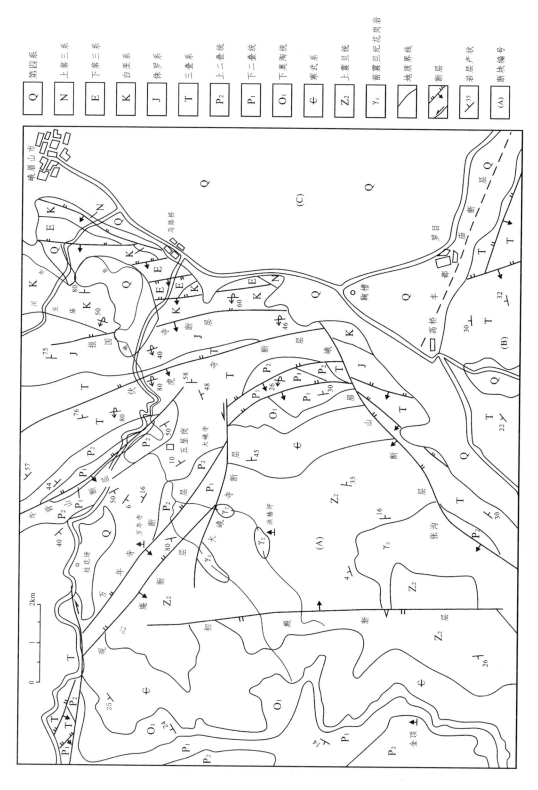

图8.3 峨眉山地质图

图例

第四系	Q
上第三系	N
下第三系	E
白垩系	K
侏罗系	J
三叠系	T
上二叠统	P₂
下二叠统	P₁
下奥陶统	O₁
寒武系	Є
上震旦统	Z₂
前震旦纪花岗岩	γ₂
地质界线	
断层	
岩层产状	
断块编号	(A)

47

（1）牛背山背斜。牛背山背斜为本区次级褶构造，南起慧灯寺，北到尖尖石，中南段轴向北西，北段逐渐转为北东，长约27 km。核部地层为下二叠统，两翼分别依次为上二叠统、三叠系、侏罗系。南西产状正常，倾角45°左右，北东翼南端倒转，为斜歪倾伏背斜，背斜轴部虽有断层通过，但因断距较小，褶皱形态仍然保持完整。

（2）桂花场向斜。桂花场向斜是与牛背山背斜相伴生的向斜构造，南起纯阳殿，北达砚台山，轴向北西，长度约12 km。向斜北西段较宽，南东段较窄。木鱼山上核部地层为铜街子组地层，两翼分别为东川组、宣威组、峨眉山玄武岩、茅口组。南西翼倾角较缓，仅10°~20°，北东翼较陡，达20°~60°，枢纽分别向北西和南东倾伏，为一开阔的斜歪倾伏向斜。

（3）报国寺断层。报国寺断层发育在报国寺与伏虎寺之间，向北延伸至龙门洞口，再继续向北北西方向延伸，长约8 km，倾向西至西南，为高角度逆断层，在报国寺附近错失了全部厚度近1 000 m的上三叠统须家河组地层，使雷口坡组直接掩复于中侏罗统沙溪庙组之上。断层两盘地层全部直立倒转，破碎带较宽，但因其发育于山麓地带，大多为松散堆积物及植被所掩盖。

（4）牛背山断层。牛背山断层发育于牛背山背斜核部，走向北西，断层南起麻柳湾，北至石店，全长约9 km，断层倾向南西，倾角较陡。在挖断山垭口，下二叠统灰岩覆于上二叠统峨眉山玄武岩之上，在峨高公路两河口一带，下二叠统灰岩被错断，岩石破碎，节理、劈理、构造透镜体等现象明显，为逆断层。

（三）野外工作方法及技能

1. 地质界线的勾绘

在路线地质观察和地质点观察中，重要的工作是勾绘地质界线，勾绘地质界线时，要注意以下几点：

（1）勾绘地质界线时应充分注意各地质体的地形、地貌、植被、土壤色调的不同，用以判定界线的位置和延伸情况，并时刻注意"V"字形法则的应用。

（2）在勾绘界线时应注意分析地层层序是否正常，构造是否合理，在有断层切割的地段更要注意断层性质和构造恢复是否符合地质原理。

（3）如果地质界线相交、相切时要特别注意它们的相互关系和交切的实地位置。

2. 地质记录格式及描述的内容

野外地质记录一律用铅笔（2H或H）记录在野外记录簿的横格页上。记录要详细、具体、要客观真实地反映实际的地质现象；也可以记录自己对地质现象的分析和判断，但必须注明，以便与实地观测资料相区别。如果发现记录有误，不可擦掉、不得撕毁，只能批注。

横格页的右侧可划出约2 cm宽的区域，用以作记录的补充或批注，文字记录中的观察点再空三行，不同路线的记录应另起一页。

记录应清晰、美观、文字工整、语句流畅、图文并茂。记录格式见表8.3（以横格页的内容要求为例）。

表 8.3　地质记录格式

日　期：　　　　地　点：　　　　　　气　候：　　　温　度：
路线 X：
点　号：　　　点　位：　　　　　　点　性：
描　述：
路线地质：

说明：

① 台头：按野外实际观察的日期和天气情况如实填写，地点一项要填写当日工作区所属的行政区划及具体地名，如峨眉山市天景乡龙门洞。

② 路线 X：填写路线顺序号及路线由何处开始，经何处，到何处结束。最好写地形图上已标注出的地名，以便于查找，如路线 1：黄湾—龙门洞。

③ 点号：按野外定点顺序连续编号，冠以 No，置于横格页中央。

④ 点位：观察点的实际位置在地形图上标定后，与线路中线取得联系并以居民点、山峰等来说明点的实地位置。如：DK10＋440 偏北约 50 m，王家院子旁。观察点的位置应在工作用图上用 1 mm 的圆圈标出，并在其右侧注明点号，但要省略 No。

⑤ 点性：说明本点主要观察内容的性质，如地层分界点、构造点、地貌观察点等。

⑥ 描述：根据本点主要观察内容而详细描述。

地层：岩性组合、生物化石、地层产状、接触关系、地层时代、出露情况、估计厚度。产状的记录应独占一行，记录形式采用 0～360°方位角方式，只记录倾向及倾角如：10°∠30°，表示岩层倾向 10°，倾角 30°。

构造：褶皱要记录背斜（向斜）两翼和核部岩层产状及时代、转折端的形态特点、枢纽走向、倾伏方向、具体类别、对工程建筑物的影响等特征；断层要记录上、下盘岩层时代及其产状、断层面产状、地层是否连续、产状是否连续、有无构造破碎带的存在、有无断层引起的各种伴生构造、有无断层崖、断层三角面等。

节理：要描述节理的成因、产状、密度、张开度、粗糙度、延伸长度、排列形式、力学性质、含水情况、充填物成分和厚度等。

岩石：描述岩石的颜色、成分、结构、构造、名称等。

地貌及第四纪：主要描述地貌特征、第四纪物质成分、成因、特征等。

水文点：颜色、透明度、温度、气味、流速、流量、化学成分、动态变化、补给排泄、腐蚀性等。

⑦ 路线地质：该点工作结束之后随即向预定的路线方向前进，要说明由该点向什么方向前进，并在前进过程中进行不间断地地质观察，记录变化了的地质特性、沉积构造、产状及化石等。

⑧ 路线小结：一条完整的路线观察结束后，要扼要小结本路线的主要成果、存在的问题及进一步工作的打算等。

3. 地质素描图的绘制

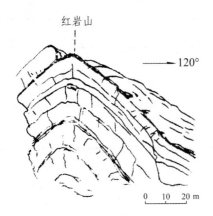

图 8.4　红岩山背斜素描图

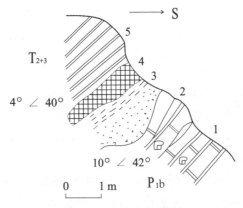

图 8.5　不整合素描图

1—大理岩；2—含海百合茎的大理岩；3—古喀斯特凹斗堆积；
4—铁帽；5—黑色板岩

　　野外地质素描要用铅笔（H 或 B）绘制，作图时应按客观实际如实绘制，绘制时，要用简洁明快的线条，突出地质内容，地质素描一般不绘地质花纹，但有时为了强调岩性差异、地层接触关系或断层的错动等，可适当绘制岩性花纹。素描图绘好后，要标注图号、图名、线段比例尺（约估）、方向、主要地名、地层代号及作图日期等，如图 8.4 和图 8.5 所示。

4. 路线地质剖面图

　　在进行路线地质观察时，绘制路线剖面图，路线地质剖面图的主要内容有：地形剖面线、岩性花纹、地层代号、接触关系、断层位置及性质等。作图步骤：确定比例尺→绘制地形剖面线→填绘地质内容→图面整饰等，如图 8.6 所示。

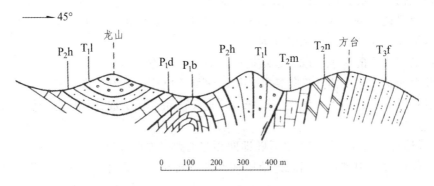

图 8.6　龙山—方台信手剖面图

T$_3$f—方台组粉砂岩；T$_2$n—南名组白云岩；T$_2$m—麦田组泥质灰岩；T$_1$l—龙山组砾岩；
P$_2$h—洪坪组砂岩；P$_1$d—大石组灰岩；P$_b$—白水沟组泥灰岩

五、文件编制

野外地质工作全部结束后，应将所得到的各种地质、水文等资料以及收集到的前人工作成果进行全面系统地整理、分析和研究，将这些资料编写成能阐明工程地质特征的工程地质说明书及相应图件。

（一）工程地质总说明书

1. 概　况

包括线路概况、任务依据和要求、工作概况（工作时间、工作方法、参加人员及分工、完成的主要工作量）等。

2. 自然概况

地形、地貌、山脉、水系等特征及沿线交通、经济状况、气象特征等。

3. 工程地质条件

地层、岩性、构造、水文地质（河、泉、井）、地震动参数（根据《中国地震动参数区划表》，实习区域地震动峰值加速度为 0.10 g）、不良地质和特殊岩土（分布、性质、规模以及对铁路工程的影响）。

4. 工程地质评价

对各类不同的铁路建筑物，如路基、桥涵、隧道、站场、房建等，分别说明其工程地质和水文地质条件，有无不良地质、特殊岩土及其处理原则及措施，铁路修建可能引起的环境地质问题及防治措施等。

5. 存在问题及对下阶段工作的意见

包括需要进一步查清的问题及对下阶段工作量的估计，工作重点，注意事项或施工运营中应注意的问题等。

（二）详细工程地质（平面）图（见图 8.7）

为满足选线及建筑物设计的要求，一般利用线路平面图填绘。比例尺为 1∶5 000。编图内容及要求如下：

（1）岩层分界线采用点线，点直径一般为 0.7 mm、点间距为 1.5～2.0 mm；每个地层线范围内均应填绘地层图例符号，地层单元一般划分到"统"这一级。

（2）第四系地层图例符号右上角注明成因，如 Q_3^{al}。

（3）地层小柱状图一般采用高 15 mm，宽 10 mm。每一地层界线范围内及重点工程附近均应有代表性小柱状图。

（4）地质构造，如褶曲、断层、节理、岩层及片理产状。

（5）地下水的露头点，如泉、井等。

（6）地震动峰值加速度分界线及地震动峰值加速度值。

（7）各种不良地质按其类型绘于图上相应位置，如范围较大或成群分布时，可用不良地质界线圈绘，范围内填绘不良地质类型符号。

（8）工程地质图例，是图件内地质符号的注释，一般按地层时代、第四系成因类型、地层岩性、地质构造、不良地质、特殊地质、地质界线、勘测点等顺序排列；地层从新到老排列；岩浆岩按新老排列在地层岩性的后面；第四系地层从细到粗排列。

（9）工程地质图上遇到几种地质分界线重合时，一般按下列顺序填绘其中一种界线：
① 地质构造线；② 不良地质界线；③ 岩层分界线。

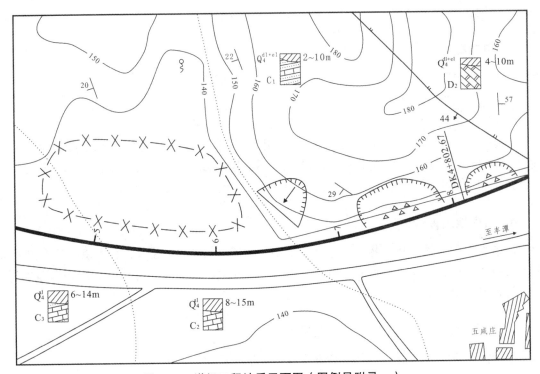

图 8.7　详细工程地质平面图（图例见附录一）

（三）详细工程地质纵断面图（见图 8.8）

详细工程地质纵断面图比例尺一般横为 1：5 000；竖为 1：1 000。编图内容及要求：

（1）地层及其分界线（推断者用虚线）。地层绘花纹图例。第四系以前地层的产状，应按换算视倾角绘制。

（2）地质构造，如断层、褶曲、层理、片理及主要节理，应换算成视倾角（纵横比例尺换算）绘到相应位置。

（3）不良地质现象，如人工洞穴、溶洞等。

（4）工程地质图例。

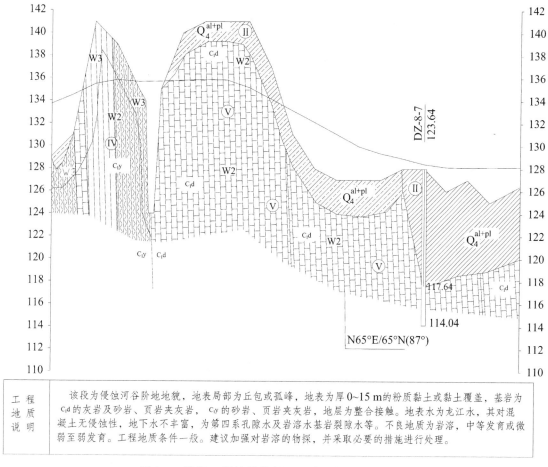

工程地质说明	该段为侵蚀河谷阶地地貌，地表局部为丘包或孤峰，地表为厚0~15 m的粉质黏土或黏土覆盖，基岩为 C_1d 的灰岩及砂岩、页岩夹灰岩， C_1y 的砂岩、页岩夹灰岩，地层为整合接触。地表水为龙江水，其对混凝土无侵蚀性，地下水不丰富，为第四系孔隙水及岩溶水基岩裂隙水等。不良地质为岩溶，中等发育或微弱至弱发育。工程地质条件一般。建议加强对岩溶的物探，并采取必要的措施进行处理。

图8.8 详细工程地质纵断面图（图例见附录一）

（四）各类建筑物工程地质说明书

1. 铁道工程、道路工程专业的学生详细勘察线路边坡灾害——滑坡、崩塌

（1）滑坡勘察的工程地质说明书内容应包括：

① 滑坡的发生、发展历史及人类活动对其的影响；

② 地形地貌：包括滑动面、滑坡周界、后壁、台阶、裂缝等；

③ 地层岩性：注意滑动面（带）的物质组成和物理力学性质；

④ 地质构造：重点是各类岩体结构面（断层、层理、节理、（不）整合接触面）的产状、性质及特征，尤其应注意对软弱结构面进行认真分析；

⑤ 水文地质：包括沟系、泉，含水层特征，地表水和地下水对滑坡的影响；

⑥ 形成原因：结合各类工程地质条件和人类相关活动分析滑坡产生的原因；

⑦ 工程措施：结合教材中讲述的滑坡防治措施，提出该滑坡的整治方法。

【参考工程实例】

达万线丰山滑坡工程地质说明
（K152＋870～K152＋962）

1. 概　况

（1）滑坡简介。

达万线丰山滑坡位于达万线梁平至万州段，相应里程为 K152＋870～K152＋962。滑坡体内，大部分旱地。滑坡体呈扇形状。滑动主轴方向大致为 S84°E，长约 95 m，宽约 80～115°m。

（2）地形地貌。

滑坡区属中山区长江河谷地貌，高程为 225～245 m，坡度为 10°～20°，山坡植被不发育。滑坡处在一单面山坡。冲沟较发育，沟内未见基岩出露。

（3）地层岩性。

上覆第四系全新统人工填筑土（Q_4^{ml}）、滑坡堆积层（Q_4^{del}）及坡积层（Q_4^{dl}），下伏侏罗系中统沙溪庙组（J_2s）的泥岩夹砂岩。现分述于下：

① 人工填筑土（Q_4^{ml}）：为粉质黏土，主要分布在既有路基。褐色，杂色，硬塑，偶夹碎、块石，厚 0～6 m，属Ⅱ级普通土。

② 粉质黏土（Q_4^{del}）：褐色，硬塑，局部软塑。局部夹约 20%～40% 的碎块石，石质为砂岩。分布于滑坡体，厚 5～17 m，属Ⅱ级普通土。

③ 粉质黏土（Q_4^{dl}）：褐色，硬塑，夹约 10% 的砂岩质碎石角砾。分布于斜坡上，厚 2～20 m，属Ⅱ级普通土。

④ 泥岩夹砂岩（J_2s）：泥岩为紫红色，泥质结构，易风化剥落，质软。砂岩为浅灰色，钙质胶结，质较坚硬。泥岩的全风化带（W_4），厚 0～5 m，属Ⅱ级普通土；强风化带（W_3），厚 1～7 m，属Ⅲ级硬土。泥岩及砂岩的弱风化带（W_2），统属Ⅳ级软石。

（4）地质构造。

单斜构造，滑坡范围内未见基岩初露。在附近的基岩层理产状为：N55°E/8°NW。岩体节理裂隙不发育。

（5）水文地质。

① 地表水为少量沟水，主要由大气降雨补给。另有部分生活废水也排入沟内。水质类型为：HCO_3^-—$Ca^{2+}\cdot Mg^{2+}$ 型，对混凝土无侵蚀性。

② 地下水主要为土层孔隙水，基岩裂隙水甚微。土层孔隙水主要受大气降水补给。旱季，土层呈干硬状；雨季，大量地表水下渗，使土体含水量骤增。水质类型为：HCO_3^-—Ca^{2+} 型，对混凝土无侵蚀性。基岩主要为泥岩，泥岩为不透水岩层。砂岩中的基岩裂隙水较少。

2. 滑坡特征

（1）发展过程。

当地某房地产企业施工，开挖线路左侧斜坡坡脚，几天的连续阴雨后，下部土体先出现拉张裂缝，随后坡脚土体出现垮塌。紧接着影响到坡面上方线路两侧的排水沟出现裂缝，宽度 0.01～0.05 m，线路出现几何变形。

（2）滑坡分类。

该滑坡的滑动面埋深<10 m，属于浅层滑坡；滑动面位于第四系松散堆积物里，按滑坡物质组成成分及滑体体积划分：为堆积土滑坡；按引起滑动的力学性质分：为牵引式滑动。

3．滑坡形成原因和机理分析

（1）地形地貌条件。

丰山滑坡位于河谷斜坡上，线路右侧坡度较缓，为 10°～20°，但线路左侧由于某房地产企业的开发，形成了高为 10 m 多的陡斜地形，为滑坡提供了一个较好的临空面，为滑坡体的剪出提供了空间。

地表冲沟发育，为地表水的下渗提供了条件。

（2）地层岩性条件。

滑坡区的地层主要是第四系松散堆积物的粉质黏土，遇水容易软化，强度显著降低，特别是滑坡堆积层（Q_4^{del}）中部分软塑的粉质黏土，力学性质相当差，为滑动面的形成并贯通提供了物质条件，物理力学参数见表 8.4。

表 8.4　丰山滑坡岩土物理力学指标

名　称	指　标	容重 γ / (kN/m³)	基本承载力 σ / kPa	黏聚力 c / kPa	内摩擦角 φ / (°)
人工填土	硬塑	19.5	180	25	15
粉质黏土	软塑	18	80	6	7
	硬塑	19.5	150	25	18
泥　岩	W_4	19.5	200	25	18
	W_3	22	300	—	25
	W_2	24	500	—	35
砂　岩	W_3	22	350	—	30
	W_2	24	600	—	40

（3）水文地质条件。

冲沟中的沟水和部分生活废水下渗补给滑坡体内的孔隙水，以及长时间高强度的大气降雨是产生滑坡的诱导因素。这些水浸入土体，使土体的物理力学指标降低，自重加大，其提供的静水压力和动水压力改变了滑坡体的力学平衡，为滑坡的形成创造了有利条件。

（4）人类活动。

① 导致滑坡产生的根本原因是房地产企业施工时，在坡脚切方不当，造成坡体下方减载，改变坡体形态，诱发场地失稳，形成工程滑体。

② 人类活动破坏了山坡的植被，促使岩土风化，使沟水、生活用水和雨水能顺利的下渗到土体中，诱导滑坡发生。

③ 水渠渗漏、农田灌溉、城镇生活用水等为坡体的地下水提供了来源。

4．滑坡的稳定性评价

目前，滑坡上线路的裂缝在逐渐加大，说明滑坡目前处于蠕滑阶段。由于坡体前端工程开挖形成的有效临空面，土体较差的力学性质，大量地表水的下渗，使坡体的变形一直持续，因此坡体有加速滑动的可能性。

具体而言，滑坡的抗剪强度主要决定于φ值。如果是持久的大强度降水，也就是降水强度在相应的峰值持续时间较长，滑面接受水量越来越大，φ值降低。滑面土处在一个相当长的软化状态，滑移量也在不断加大到某个数值，加上滑体及滑面产生的动水压力，最后导致产生加速滑动。

（2）崩塌勘察的工程地质说明书内容应包括：

① 崩塌的发生、发展历史及人类活动对其的影响；

② 地形地貌：山坡特征，崩塌范围、数量、岩块直径和崩塌体堆积特征；

③ 地层岩性：注意软弱层的分布、性质；

④ 地质构造：褶皱、断层、节理、劈理等的性质、产状、组合情况、发育程度；

⑤ 水文地质：地下水分布、类型、对崩塌的影响；

⑥ 形成原因：结合各类工程地质条件和人类相关活动分析崩塌产生的原因；

⑦ 工程措施：结合教材中讲述的崩塌防治措施，提出该崩塌的整治方法。

2. 桥梁工程专业的学生详细勘察黄湾大桥

工程地质说明书内容应包括：

（1）自然概况：桥址处的地形、气候、水文等；

（2）工程地质特征：地层岩性、地质构造、地震动参数等；

（3）水文地质特征：地表水和地下水特征；

（4）主要工程地质问题：不良地质和特殊岩土问题、河岸稳定性问题等；

（5）工程地质条件评价：结合各类工程地质条件做好中差评价。

【参考工程实例】

龙跃江大桥工程地质说明
（DK107＋962.75～DK108＋311.95）

1. 自然概况

线路自 K107＋100 后西向行进，跨龙跃江，新建龙跃江大桥，该桥为直线桥，全长349.20 m，孔跨布置为：1×24＋8×32＋2×24 m，最大墩高约 27 m。该桥位于腾远车站以东约 1.5 km，有简易公路通至桥址处，交通便利。

桥址位处龙跃江河谷地貌，地面高程 125～150 m，河谷呈"U"形斜谷，河床较平坦，宽约 220 m；岸坡自然坡度 10°～25°，坡上地表多辟为旱地及水田。

桥址地处亚热带湿润季风气候区，其主要特征是：温暖湿润，夏秋炎热，冬短不寒，雨量充沛，光温丰足，雨热同季，无霜期长达 292～331 天，年霜冻 0～68 天。多年平均气温20.1 ℃～20.5 ℃，极端最低气温 −1.5 ℃～−3.8 ℃，极端最高气温 39.2 ℃～39.9 ℃。受暖湿气流影响，降水丰富，4 月上旬至 8 月为雨季，多年均降水量 1 364.9～1 490.4 mm，最大日降雨量 183.3～272.5 mm，多年平均相对湿度 76%～78%，多年平均蒸发量 1 514.6～1 599.4 mm。

地表水主要为龙跃江之江水。龙跃江为本地主要水系，当地沟河大多汇入该河。桥址处 H1%（百年一遇）= 191.29 m；H2%（二百年一遇）= 190.12 m；测时水位（2003-03-29）H = 176.97 m。

根据国家地震局颁布的《中国地震动参数区划图》，测段地震动峰值加速度 < 0.05 g。

2. 工程地质特征

（1）地层岩性。

桥址范围覆盖第四系全新统冲积层（Q_4^{al}），下伏上古生界泥盆系中统东岗岭组（D_{2d}）地层，岩性描述如下：

① 粉质黏土（Q_4^{al}）：褐黄色，黄色，软至硬塑状，大多质纯，砂感强，分布于龙跃江两岸，昆明端桥台附近黏性较强，柳州端厚 5～20 m，昆明端厚 2～5 m，属 Ⅱ 级普通土。

② 砂土（Q_4^{al}）：主要为细至粉砂，褐黄至灰黄色，饱和，松散至中密，砂占 60%～90%，其余为粉质黏土、淤泥等充填。属 Ⅰ 级松土，分布于河床及柳州端阶地处。厚 0～7 m，2～12 m 不等。

③ 卵石土（Q_4^{al}）：褐灰、褐黄等色，饱和，松散至中密，卵石占 60%～80%，粒径为 2～6 cm，其余为砂及粉质黏土等充填。松散卵石土属 Ⅱ 级普通土，中密卵石土属 Ⅲ 级硬土。透镜状分布，柳州端阶地处厚 1～7 m，河床内厚 0～6 m。

④ 泥灰岩夹泥质灰岩（D_{2d}）：褐灰至灰黑色，薄至中厚层状，泥质胶结，质软，风干后易开裂，泥质灰岩为中薄层状，层厚 10～20 cm，泥钙质胶结，中厚层状，质较硬。据钻孔提示，全风化层厚 1～6 m，强风化层厚 1～5 m。属 Ⅳ 级软石。昆明端岸坡陡坎处有零星出露。

（2）地质构造。

桥址地质构造隶属新华夏系构造，桂中凹陷之宜山弧形褶皱带中部。桥址地处为穹隆构造一翼，为单斜地层，岩层产状为 N35°W/58°S。

昆明端测得两组节理，其产状为 N65°E/40°S，间距 60 cm，闭合；N60°E/54°N，间距 20～30 cm，微张，无充填，延伸不远。

3. 水文地质特征

桥址范围内地下水主要为第四系孔隙水，赋存于砂及卵石土层中，由大气降水及龙跃江水补给，其水位随江水的涨落而发生变化，地表未见泉点出露。据取龙跃江水分析，其水质为 HCO_3^-—Ca^{2+} 型水，对混凝土无侵蚀性。

4. 主要工程地质问题

桥址范围内无不良地质及特殊岩土。

5. 工程地质条件评价及工程措施建议

桥址无不良地质及特殊岩土，覆盖土层为硬塑至软塑状粉质黏土、细粉砂及松散至中密卵石土，厚度 0～7 m，2～12 m 不等，下伏泥灰岩夹泥质灰岩全风化层厚 1～6 m，强风化层厚 1～5 m，工程地质条件一般。

工程措施建议：

（1）各墩台建议基础采用桩基础，桩尖置入弱风化基岩带内一定深度。

（2）岸坡上挖孔桩应注意加强防护，泥灰岩质基底及坑壁不宜暴露过久，应及时封闭。

（3）建议在枯水季节进行施工，并做好防洪工作。

（4）物理力学指标建议值见表 8.5。

表 8.5　物理力学指标建议值

序号	岩土名称	成因		容重 γ/(kN/m³)	基本承载力 σ/kPa	桩周极限摩阻力/kPa	黏聚力 c/kPa	内摩擦角 φ/(°)	单轴饱和极限抗压强度/MPa	临时挖方边坡率
1	粉质黏土	Q^{4al}		19	150	30	5	20	—	1:1
2	细粉砂	Q^{4al}		20	180	30	0	20	—	1:1
3	卵石土（中密）	Q^{4al}		21	300	120	0	40	—	1:1.25
4	泥灰岩夹泥质灰岩	D_{2d}	W_4	20	200	30	10	20	—	1:1
			W_3	20	300	70	20	20	—	1:0.75
			W_2	22	400	—	500	35	5	1:0.5

3. 隧道工程专业的学生详细勘察龙门洞隧道

工程地质说明书内容应包括：

① 自然概况：隧址处地形、气候等；

② 工程地质特征：地层岩性、地质构造、地震动参数等；

③ 水文地质特征：地表水和地下水特征；

④ 主要工程地质问题：不良地质和特殊岩土问题、洞口及边仰坡稳定性问题等；

⑤ 工程地质条件评价：结合各类工程地质条件做好中差评价，进行隧道围岩分级。

【参考工程实例】

邓家山隧道工程地质说明

（DK125+580~DK125+930）

1. 自然概况

线路出长山隧道后经一段路基进入邓家山隧道，该隧道在平面上为半径为 1 200 m 的曲线，竖向 DK125+580~DK125+900 段为 12‰ 的上坡，DK125+900~DK125+930 段为 10.4‰ 的上坡。本隧道全长 350 m，最大埋深 180 m。

隧址处于峰丛洼地地貌，隧道穿越一小山体，该山体整体呈圆锥形，上陡下缓，相对高差 220 m，上部较陡，自然坡度为 45°~70°，下部较缓，为 5°~25°，地表植被不发育，大多为灌木，进口端部分地表辟为旱地。隧址进出口均有简易公路相通，金宜二级公路从其旁边通过，交通便利。进口端为榄树村所在地，居民点众多，出口端无居民点。右侧坡脚下有一小水沟，大气降雨补给，常年有水。

根据国家地震局颁布《中国地震动参数区划图》，测段地震动峰值加速度 <0.05 g。

2. 工程地质特征

（1）地层岩性。

隧址范围出露地层有第四系全新统（Q_4）、上古生界石炭系中统（C_2），岩性描述如下：

① 粉质黏土（Q_4^{dl+pl}）：褐黄色，硬塑状，水田中为软塑，微含 5%～10% 灰岩质碎石等，厚 0～3 m 不等，属Ⅱ级普通土。分布于隧道进出口端地形平坦处。

② 粉质黏土（Q_4^{dl+el}）：褐黄色，坚硬，微含 5%～20% 之灰岩质碎石等，厚 0～2 m 不等，属Ⅱ级普通土。分布于斜坡上。

③ 灰岩夹白云岩（C_2）：灰白色，中厚层状，隐晶质结构，夹白云岩，质坚硬，弱风化。属Ⅴ级次坚石。

（2）地质构造。

测区地质构造单元划分上属于桂中凹陷之宜山弧形断褶带中部。隧址地层单斜，测得岩层产状 N40～55°W/40°N。

进口端节理发育，测得两组节理，其产状为 N30°E/50°N、N80°W/50°N，呈闭合状，延伸不远，无充填，出口端节理较发育，测得两组节理产状：N40°E/90°、N60°W/50°S，呈闭合状，无充填，延伸不远。

3. 水文地质特征

隧址范围内地表水主要为坡脚沟水，其由大气降水补给。据取其附近地表进行水质分析，其水质为 HCO_3^-—$Ca^{2+} \cdot Mg^{2+}$ 型水，对混凝土无侵蚀性。

地下水主要为岩溶裂隙水，由大气降雨补给，多沿裂隙面或层面下渗或向坡脚排泄，地表未见泉点出露。

4. 主要工程地质问题

隧址范围内不良地质为岩溶现象。其为裸露型岩溶，溶蚀微弱发育，呈溶蚀小孔（孔径 1～3 cm）、白齿状石芽（高 12～50 cm），部分地表为薄层粉质黏土覆盖。

隧址范围内无特殊岩土。

5. 工程地质条件评价及工程措施建议

隧址覆盖粉质黏土层厚 0～3 m，下伏岩性为灰岩夹白云岩，溶蚀微弱发育，工程地质条件较好。

工程措施建议：

（1）隧址位于可溶岩地段，且位于岩溶平原与岩溶峰丛交界附近，可能有隐伏溶洞等岩溶现象存在，建议进行物探。

（2）洞身通过可溶岩，可能发生岩溶裂隙水渗漏或突水和裂隙充填物坍方，应加强施工支护及超前预报，及时采取相应防护措施。

（3）隧道进出口应做好截排水措施。

（4）隧道围岩分级见表 8.6。

表 8.6　围岩分级表

里程	DK125 + 580～DK125 + 628	DK125 + 628～DK125 + 855	DK125 + 855～DK125 + 930
长度 / m	48	227	75
围岩级别	Ⅳ	Ⅲ	Ⅳ

（5）物理力学指标建议值见表8.7。

表8.7　物理力学指标建议值

序号	岩土名称	成因	基本承载力/kPa	基底摩擦系数/f	黏聚力 c/kPa	内摩擦角 φ/（°）	挖方边坡率	
							临时	永久
1	粉质黏土	Q_4^{dl+pl}	150	0.3	5	20	1：1	1：1.25
2	粉质黏土	Q_4^{dl+el}	150	0.3	5	20	1：1	1：1.25
3	灰岩夹白云岩	C_2	600	0.6	1 800	50	1：0.3	1：0.5

4. 建筑工程专业的学生详细勘察黄湾车站

工程地质说明书内容应包括：

① 自然概况：场址处的地形、气候、水文等；

② 工程地质特征：地层岩性、地质构造、地震动参数等；

③ 水文地质特征：地表水和地下水特征、车站用水建议；

④ 主要工程地质问题：不良地质和特殊岩土问题、地基承载力问题等；

⑤ 工程地质条件评价：结合各类工程地质条件做好中差评价。

【参考工程实例】

宜中车站工程地质说明书
（DK87＋000～DK89＋500）

1. 自然概况

宜中车站位于龙江侵蚀河谷南岸Ⅱ级阶地上，地势由南向北倾斜；自然坡度0°～5°，高程130～140 m，线路以一般路基通过。站址位于宜中市市区内，两侧建筑物较集中，管线密集，交通方便。

测区地处亚热带湿润季风气候区，其主要特征是：温暖湿润，夏秋炎热，冬短不寒，雨量充沛，光温丰足，雨热同季，无霜期长达292～331天，年霜冻0～68天。多年平均气温20.1 ℃～20.5 ℃，极端最低气温－1.5 ℃～－3.8 ℃，极端最高气温39.2 ℃～39.9 ℃。受暖湿气流影响，降水丰富，4月上旬至8月为雨季，多年均降水量1 364.9～1 490.4 mm，最大日降雨量183.3～272.5 mm，多年平均相对湿度76%～78%，多年平均蒸发量1 514.6～1 599.4 mm。

测区无地表常年流水。站址距离龙江约800 m，高于龙江河谷约13 m。

根据国家地震局颁布《中国地震动参数区划图》，测段地震动峰值加速度＜0.05 g。

2. 工程地质特征

（1）地层岩性。

站址出露地层有第四系全新统（Q_4）、上古生界石炭系中统大埔组（C_2d），石炭系下统大塘阶上司段（C_1d^3），C_2d 与 C_1d^3 呈整合接触，岩性描述如下：

① 黏土（Q_4^{al+pl}）：棕黄色，褐黄色，硬塑至坚硬状，厚0～3 m，为龙江阶地覆盖土，

属Ⅱ级普通土。测区内均有分布。

② 白云岩夹灰岩（C_2d）：浅灰色、灰白色，中厚层至块状，细至微晶结构，致密，含方解石脉，表层具弱溶蚀小孔现象，强风化带厚 $0 \sim 2$ m，呈碎块状，属Ⅴ级次坚石。

③ 灰岩（C_1d^3）：灰至深灰色、灰白色，灰岩含燧石灰岩，夹浅灰至灰白色白云质灰岩，中厚层状，表层溶蚀较强烈，属Ⅴ级次坚石。

（2）地质构造。

本段构造隶属宜山弧形构造带，站址地层单斜，岩层产状：N60°~80°W/20°~39°N。节理产状：N10°~70°E/60°~85°S，闭合至微张，间距 0.5~0.7 m，E-W/79°S，闭合状，间距 0.6~1.0 m，延伸 1~3 m。

3. 水文地质特征

测段地表水主要为浅沟槽中水及塘水，主要由大气降雨补给，旱季水量少，水型为：$HCO_3^- \text{—} Ca^{2+} \cdot Mg^{2+}$ 型，对混凝土无侵蚀性。

地下水为碳酸盐岩类岩溶裂隙水，大气降雨补给，水量微弱，车站范围地势平坦，表水垂直下渗至岩溶裂隙中，深部（约 13~15 m）循环水向龙江排泄。

4. 主要工程地质问题

站址内不良地质为岩溶，无特殊岩土，既有线病害为翻浆冒泥及水害。

岩溶：站址出露白云岩、白云质灰岩、灰岩，地表岩溶微弱发育，以溶蚀小孔，石芽为主，地面尚未发生岩溶塌陷现象。

5. 工程措施建议意见

线路无溶塌陷现象，无特殊岩土，地表岩溶微弱发育，改建方案不受地质控制，下伏白云岩、白云质灰岩、灰岩。本站工程地质条件一般。

工程措施建议：

（1）一般路堤地段注意清除表层浮土，夯实。

（2）涵洞基础可置于基岩强风化层中。

（3）注意防洪，加强防护措施。

（4）物理力学指标建议值见表8.8。

表 8.8　物理力学指标建议值

| | 项　目 | | 基本承载力 σ/kPa | 重度 γ/（kN/m³） | 挖方边坡率 | | 黏聚力 c/kPa | 内摩擦角 φ/（°） |
岩土名称					临时	永久		
1	黏土（Q_4^{al+pl}）（硬塑）		150	19	1:1	1:1.25	10	20
2	白云岩夹灰岩（C_2d）	弱风化（W_2）	600	26	1:0.3	1:0.5	—	50
3	灰岩（C_1d^3）	弱风化（W_2）	600	26	1:0.3	1:0.5	—	50

第四部分

附　件

附图一　太阳山地区地质图

太阳山综合地层柱状图 1:15 000

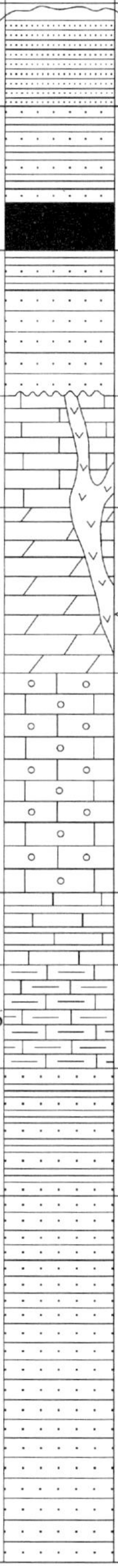

地层 界	地层 系	地层 统	地层 阶	地层代号	厚度/M	岩性符号	层序	岩性简述	化石	地貌	水文	矿产
新生界	第四系			Q	0-20		11	河流淤积：卵石及砂子		有时构成阶地		
中生界	白垩系			K	155		10	砖红色粉砂岩，钙质胶结，有交错层	鱼化石		裂隙水	
中生界	侏罗系	上统		J_3	135 30 75		9	煤系：黑色页岩为主，夹有灰白色细粒砂岩，中下部有可采煤系一层厚50 m				可作炼焦用
中生界	侏罗系	中统		J_2	233		8	浅灰色中粒石英砂岩，间或夹有薄层绿色页岩，砂岩具有洪流之交错层		常成陡崖		有沥青显示
								角度不整合				
中生界	三叠系	上统		T_3	180		7	灰白色白云质灰岩，夹有紫色泥岩一层厚5 m，灰岩中有缝合线构造	Halobia Spirifera			
中生界	三叠系	中统		T_2	265		6	紫红色泥灰岩中夹鲕状石灰岩互层		风化后成平缓山坡	在顶部岩层有水渗出	
								辉绿岩岩墙		呈凹地		
								平行不整合				
	二叠系	上统		P_2	356		5	浅色豆状石灰岩夹有页岩	LyHonia oldhamina Par at eleces Gallouaniella	在顶部顺层有溶洞出现		
	二叠系	下统		P_1	110		4	暗灰色纯灰岩	Michelina Cryptospirifer			可作水泥原料
	石炭系	上统		C_3	176		3	浅灰色石灰岩，有燧石结核排列成层				
	石炭系	中统		C_2	210		2	黑色页岩夹细砂岩				
	石炭系	下统		C_1	600		1	灰白色石英砂岩，中夹页岩及煤线				玻璃原料

太 阳 山 地 区 地 质 图

比例尺 1:100 000

N — M — 60 — 68

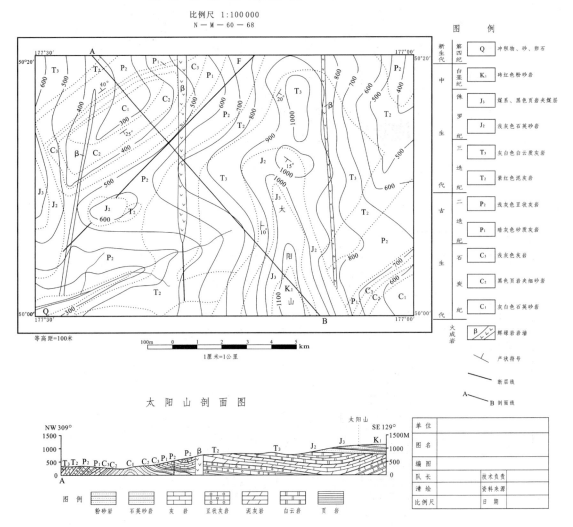

太 阳 山 剖 面 图

附图二　朝松岭地形地质图（1：25 000）

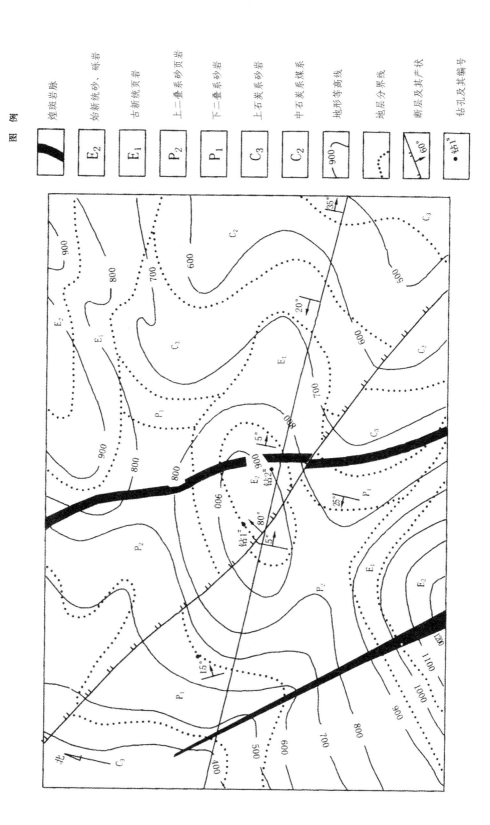

图 例

煌斑岩脉	
E_2	始新统砂、砾岩
E_1	古新统页岩
P_2	上二叠系砂页岩
P_1	下二叠系砂岩
C_3	上石炭系煤系
C_2	中石炭系砂岩
900	地形等高线
	地层分界线
60°	断层及其产状
钻1号●	钻孔及其编号

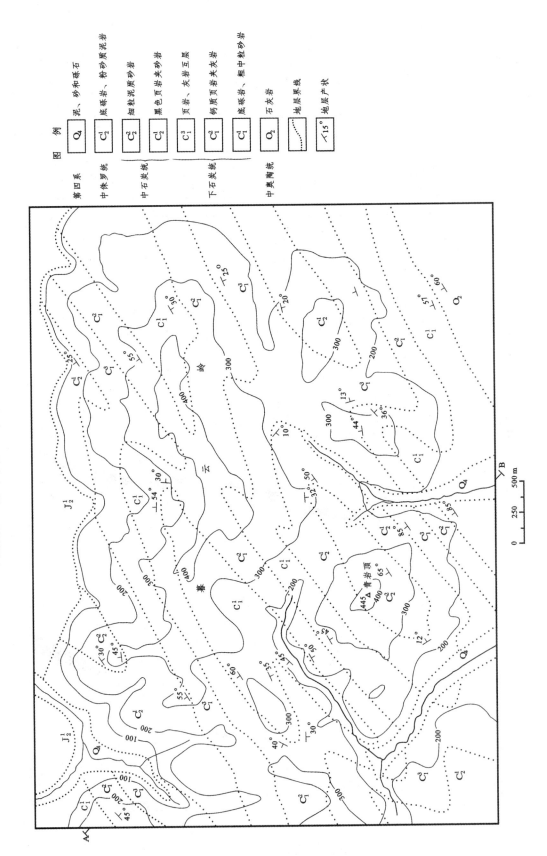

附图三 暮云岭地形地质图（1：250 00）

图 例

Q_4	泥、砂和砾石 — 第四系
J_2^1	底砾岩、粉砂质泥岩 — 中侏罗统
C_2^2	细粒泥质砂岩 — 中石炭统
C_2^1	黑色页岩夹砂岩
C_1^3	页岩、灰岩互层 — 下石炭统
C_1^2	钙质页岩夹灰岩
C_1^1	底砾岩、粗中粒砂岩
O_2	石灰岩 — 中奥陶统
	地层界线
$\angle 15°$	地层产状

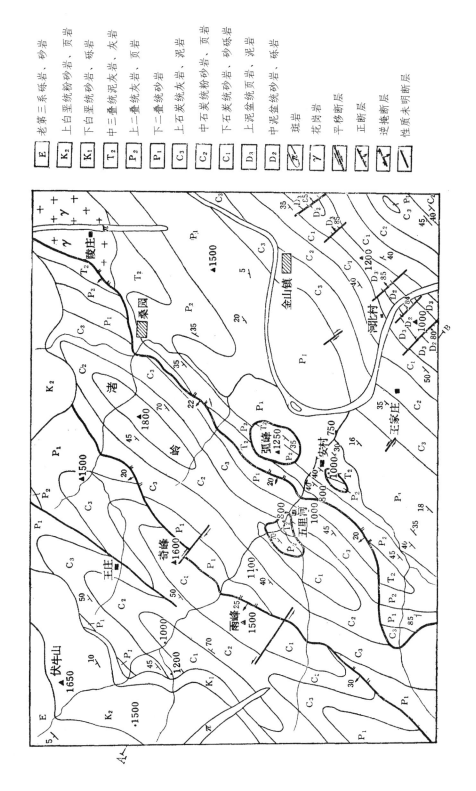

附图四 金山镇地质图（1：100 000）

图例

E	老第三系砾岩、砂岩
K₂	上白垩统粉砂岩、页岩
K₁	下白垩统砂岩、砾岩
T₂	中三叠统泥灰岩、灰岩
P₂	上二叠统灰岩、页岩
P₁	下二叠统砂岩
C₃	上石炭统灰岩、泥岩
C₂	中石炭统粉砂岩、页岩
C₁	下石炭统砂岩、砾岩
D₃	上泥盆统页岩、泥岩
D₂	中泥盆统砂岩、砾岩
π	斑岩
γ	花岗岩
	平移断层
	正断层
	逆掩断层
	性质未明断层

69

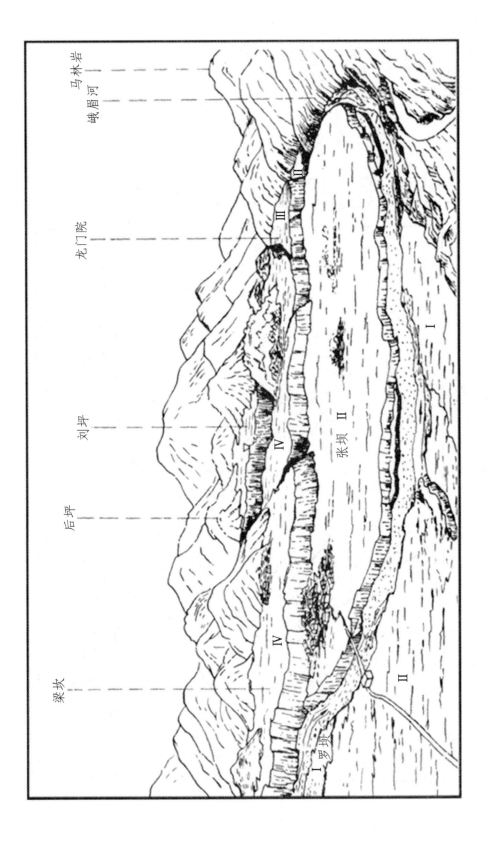

附图五 峨眉山黄湾阶地素描图

附录一 铁路地质图例符号

一、第四系沉积物

Q^{al} 冲积层	Q^{eol} 风积层	Q^{gl} 冰碛层
Q^{dl} 坡积层	Q^{col} 崩积层	Q^{sl} 滑坍、错落堆积层
Q^{pl} 洪积层	Q^{l} 湖泊沉积层	Q^{h} 沼泽沉积层
Q^{el} 残积层	Q^{q} 弃土	Q^{ml} 人工填筑土

二、土

人工 填筑土（按实际填土绘花纹图例）	素弃土	杂弃土
砂土	黏土	砂黏土
黏砂土	圆砾土	角砾土
卵石土	碎石土	淤泥
漂石土	块石土	黄土

三、沉积岩

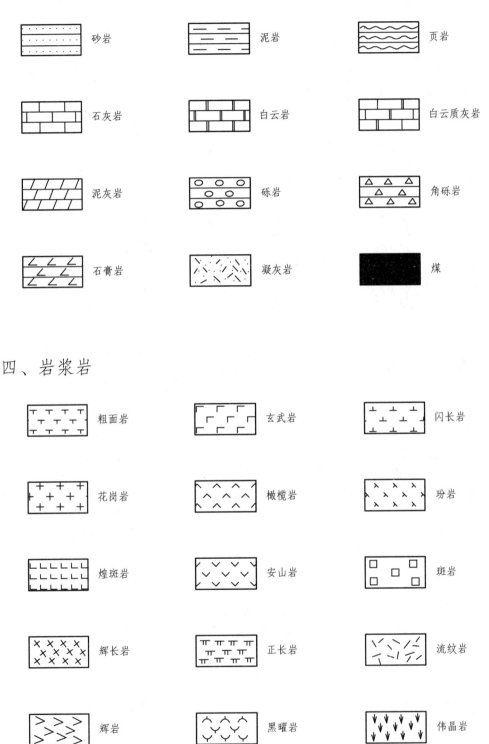

砂岩　泥岩　页岩

石灰岩　白云岩　白云质灰岩

泥灰岩　砾岩　角砾岩

石膏岩　凝灰岩　煤

四、岩浆岩

粗面岩　玄武岩　闪长岩

花岗岩　橄榄岩　玢岩

煌斑岩　安山岩　斑岩

辉长岩　正长岩　流纹岩

辉岩　黑曜岩　伟晶岩

五、变质岩

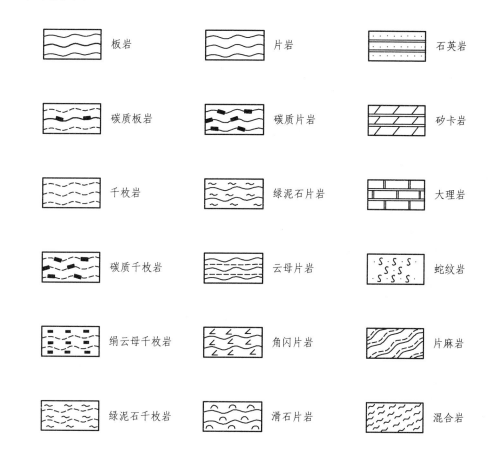

六、地质界线及地质勘探

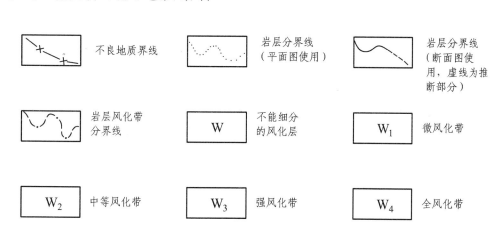

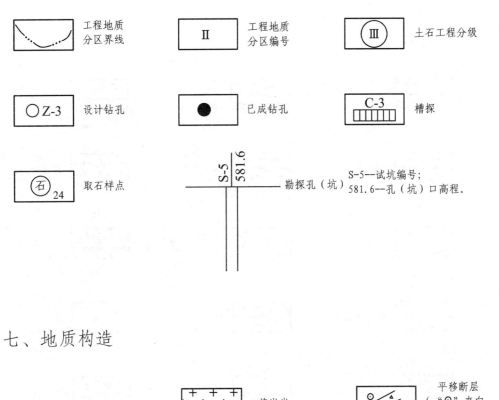

工程地质分区界线	工程地质分区编号
土石工程分级	
设计钻孔	已成钻孔
槽探	
取石样点	

勘探孔（坑） S-5——试坑编号；
581.6——孔（坑）口高程。

七、地质构造

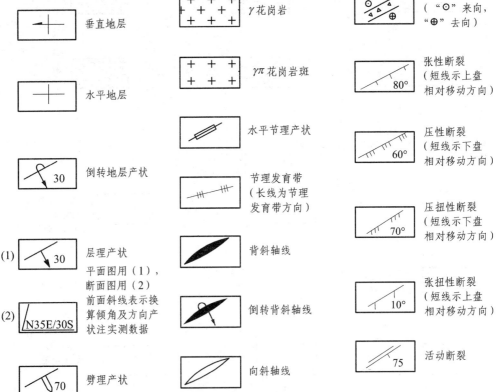

垂直地层

水平地层

倒转地层产状

(1) 层理产状
平面图用（1），
断面图用（2）
前面斜线表示换
算倾角及方向产
(2) 状注实测数据

劈理产状

γ 花岗岩

γπ 花岗岩斑

水平节理产状

节理发育带
（长线为节理
发育带方向）

背斜轴线

倒转背斜轴线

向斜轴线

平移断层
（"⊙" 来向，
"⊕" 去向）

张性断裂
（短线示上盘
相对移动方向）

压性断裂
（短线示下盘
相对移动方向）

压扭性断裂
（短线示下盘
相对移动方向）

张扭性断裂
（短线示上盘
相对移动方向）

活动断裂

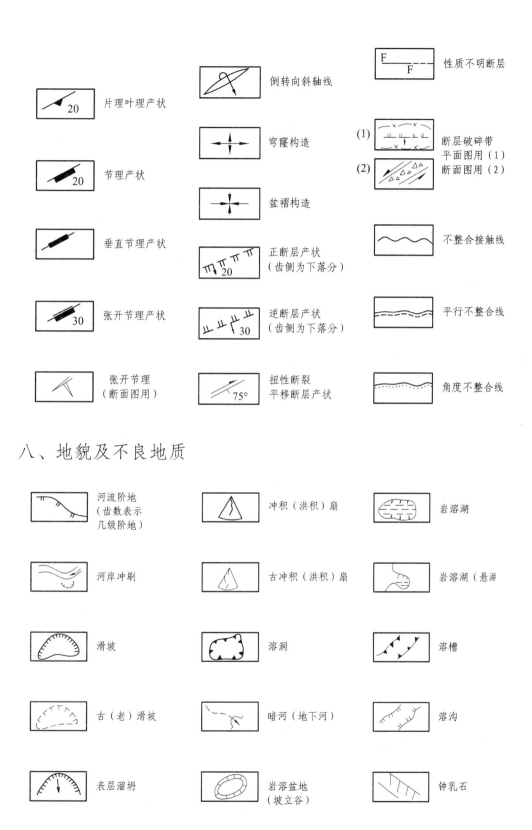

片理叶理产状	倒转向斜轴线	性质不明断层
节理产状	穹窿构造	断层破碎带 平面图用（1） 断面图用（2）
垂直节理产状	盆褶构造	不整合接触线
张开节理产状	正断层产状 （齿侧为下落分）	平行不整合线
张开节理 （断面图用）	逆断层产状 （齿侧为下落分）	角度不整合线
	扭性断裂 平移断层产状	

八、地貌及不良地质

河流阶地 （齿数表示 几级阶地）	冲积（洪积）扇	岩溶湖
河岸冲刷	古冲积（洪积）扇	岩溶湖（悬湖）
滑坡	溶洞	溶槽
古（老）滑坡	暗河（地下河）	溶沟
表层溜坍	岩溶盆地 （坡立谷）	钟乳石

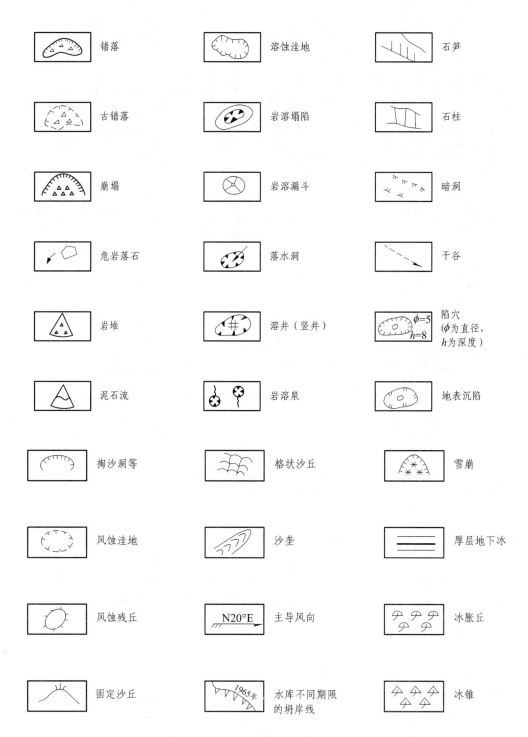

错落	溶蚀洼地	石笋
古错落	岩溶塌陷	石柱
崩塌	岩溶漏斗	暗洞
危岩落石	落水洞	干谷
岩堆	溶井（竖井）	陷穴 $\phi=5$ $h=8$ （ϕ为直径, h为深度）
泥石流	岩溶泉	地表沉陷
掏沙洞等	格状沙丘	雪崩
风蚀洼地	沙垄	厚层地下冰
风蚀残丘	主导风向 N20°E	冰胀丘
固定沙丘	水库不同期限的坍岸线 1965年	冰锥
半固定沙丘	水库最终坍岸线	爆炸性充水鼓丘

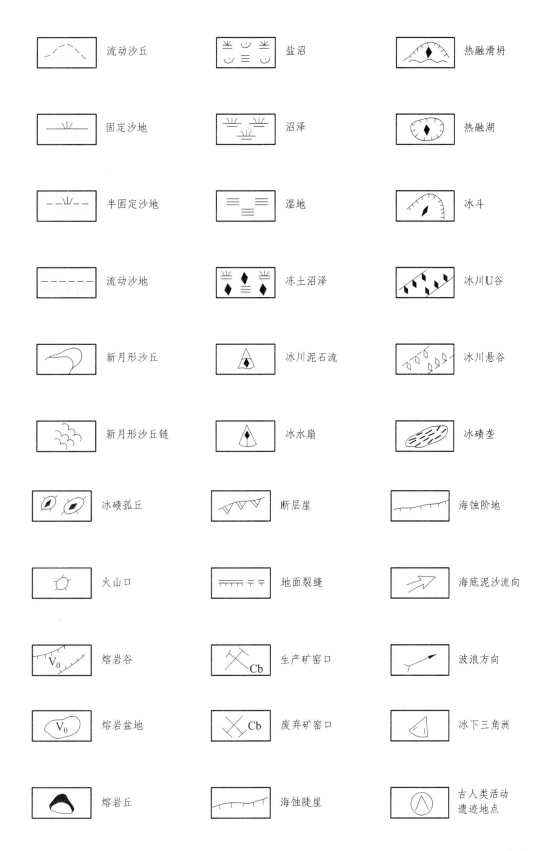

流动沙丘	盐沼	热融滑坍
固定沙地	沼泽	热融湖
半固定沙地	湿地	冰斗
流动沙地	冻土沼泽	冰川U谷
新月形沙丘	冰川泥石流	冰川悬谷
新月形沙丘链	冰水扇	冰碛垄
冰碛孤丘	断层崖	海蚀阶地
火山口	地面裂缝	海底泥沙流向
熔岩谷	生产矿窑口	波浪方向
熔岩盆地	废弃矿窑口	冰下三角洲
熔岩丘	海蚀陡崖	古人类活动遗迹地点

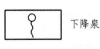 下降泉   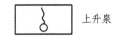 上升泉

九、建筑物变形

 建筑物
下沉

 道碴陷槽

 建筑物
错断

 坡面坍塌

 地面冻害

 翻浆

 坡面冲刷

房屋变形

十、地质界线

 不良地质界线

 W_1 风化层分带
及注记

(1) W_1 (1) 微风化带
(风化轻带)

(2) W_2 (2) 中等风化带
(风化颇重带)

(3) W_3 (3) 强风化带
(风化严重带)

(4) W_4 (4) 全风化带
(风化极严重带

(5) W (5) 不能细分
的风化层

(1)

(2)

岩层分界线

平面图用（1）；
断面图用（2）；
虚线为推断部分。

岩层风化带
分界线

 地震液化层

工程地质
分区界线

 黄土湿陷层下限

 工程地质
分区编号

 盐渍上的下限

 工程地质
分区编号

 盐渍上的下限

 土石工程分级

78

十一、地　震

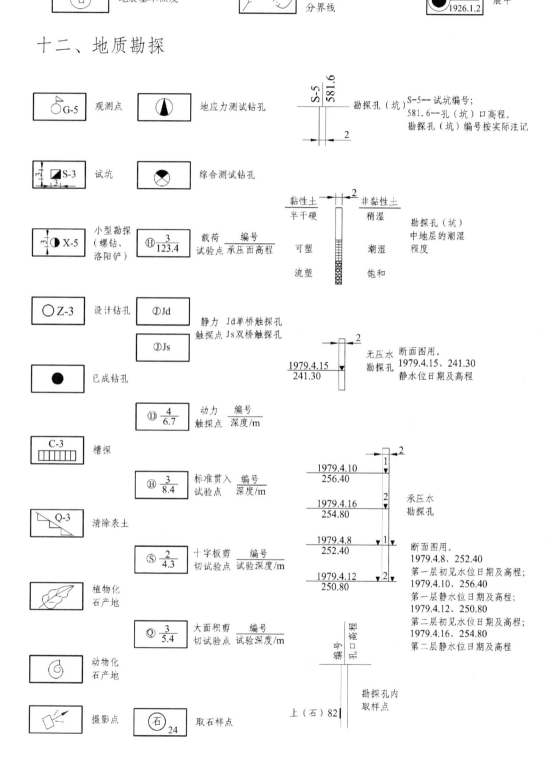

地震基本烈度

地震基本烈度分界线

震中

十二、地质勘探

观测点

地应力测试钻孔

勘探孔（坑）　S-5——试坑编号；581.6——孔（坑）口高程。勘探孔（坑）编号按实际注记

试坑

综合测试钻孔

小型勘探（螺钻、洛阳铲）

载荷试验点　编号／承压面高程

黏性土　非黏性土
半干硬　稍湿
可塑　潮湿
流塑　饱和
勘探孔（坑）中地层的潮湿程度

设计钻孔

静力触探点　Jd单桥触探孔　Js双桥触探孔

无压水勘探孔　断面图用。1979.4.15、241.30静水位日期及高程

已成钻孔

动力触探点　编号／深度/m

槽探

标准贯入试验点　编号／深度/m

清除表土

十字板剪切试验点　编号／试验深度/m

承压水勘探孔

断面图用。
1979.4.8、252.40
第一层初见水位日期及高程；
1979.4.10、256.40
第一层静水位日期及高程；
1979.4.12、250.80
第二层初见水位日期及高程；
1979.4.16、254.80
第二层静水位日期及高程

植物化石产地

大面积剪切试验点　编号／试验深度/m

动物化石产地

勘探孔内取样点

摄影点

取石样点

附录二 土的工程分类

一、碎石类土的划分

土的名称	颗粒形状	土的颗粒级配
漂石土	浑圆或圆棱状为主	粒径大于 200 mm 的颗粒超过总质量的 50%
块石土	尖棱状为主	
卵石土	浑圆或圆棱状为主	粒径大于 20 mm 的颗粒超过总质量的 50%
碎石土	尖棱状为主	
圆砾土	浑圆或圆棱状为主	粒径大于 2 mm 的颗粒超过总质量的 50%
角砾土	尖棱状为主	

注：定名时应根据粒径分组，由大到小，以最先符合者确定。

二、砂类土的划分

土的名称	土的颗粒级配
砾 砂	粒径大于 2 mm 颗粒的质量占总质量的 25%～50%
粗 砂	粒径大于 0.5 mm 颗粒的质量超过总质量的 50%
中 砂	粒径大于 0.25 mm 颗粒的质量超过总质量的 50%
细 砂	粒径大于 0.075 mm 颗粒的质量超过总质量的 85%
粉 砂	粒径大于 0.075 mm 颗粒的质量超过总质量的 50%

注：定名时应根据颗粒级配，由大到小，以最先符合者确定。

三、粉土的划分

塑性指数等于或小于 10，且粒径大于 0.075 mm 的质量不超过全部质量 50% 的土，应定名为粉土。

四、黏性土的划分

土的名称	塑性指数 I_p
粉质黏土	$10 < I_p \leqslant 17$
黏　土	$I_p > 17$

注：① 塑性指数等于土的液限含水率与塑限含水率之差；

　　② 液限含水率试验采用圆锥仪法，圆锥仪总质量为 76 g，入土深度 10 mm；

　　③ 塑限含水率试验采用搓条法。

附录三 岩体节理发育程度分级

等　　级	基本特征	附　注
节理不发育	节理 1~2 组，规则，为构造，间距在 1 m 以上，多为密闭节理，岩体切割成大块状	对基础工程无影响，在不含水且无其他特殊不良因素时，对边坡稳定性影响不大
节理较发育	节理 2~3 组，呈 X 形，较规则，以构造型为主，多数间距大于 0.4 m，多为密闭节理，部分为微张节理，少有充填物。岩体切割成块石状	对基础工程影响不大，对其他工程建筑物可能产生相应影响
节理发育	节理 3 组以上，不规则，呈 X 形或米字形，以构造型或风化型为主，多数间距小于 0.4 m，大部分为张开节理，部分有充填物。岩体切割成块石状	对工程建筑物可能产生很大影响
节理很发育	节理 3 组以上，杂乱，以风化和构造型为主，多数间距小于 0.2 m，以张开节理为主，有个别宽张节理，一般均有充填物。岩体切割成碎裂状	对工程建筑物产生严重影响

附录四　岩体风化程度分带

风化程度分带	野外鉴定特征				风化程度参数指标		
	岩石矿物颜色	结　构	破碎程度	坚硬程度	风化因数 K_f	波速比 K_p	纵波速度 v_p/（m/s）
未风化	岩石、矿物及其胶结物颜色新鲜，保持原有颜色	保持岩体原有结构	除构造裂隙外肉眼见不到其他裂隙，整体性好	除泥质岩可用大锤击碎外，其余岩类不易击开，放炮才能掘进	K_f>0.9	K_p>0.9	硬质岩：v_p>5 000 软质岩：v_p>4 000
微风化	岩石、矿物颜色较暗淡，节理面附近有部分矿物变色	岩体结构未破环仅沿节理面有风化现象或有水锈	有少量风化裂隙，裂隙间距多数大于0.4 m，整体性仍较好	要用大锤和楔子才能剖开泥质岩，用大锤可以击碎，放炮才能掘进	0.8<K_f≤0.9	0.8<K_p≤0.9	硬质岩：4 000<v_p≤5 000 软质岩：3 000<v_p≤4 000
弱风化	岩石、矿物失去光泽，颜色暗谈。部分易风化矿物已经变色，黑云母失去弹性	岩体结构已部分破坏，裂隙可能出现风化夹层，一般呈块状或球状结构	风化裂隙发育，裂隙间距多数为0.2～0.4 m，体性差	可用大锤击碎，用手锤不易击碎，大部分需放炮掘进，岩心钻方可钻进	硬质岩：0.4<K_f≤0.8 软质岩：0.3<K_f≤0.8	硬质岩：0.6<K_p≤0.8 软质岩：0.5<K_p≤0.8	硬质岩：2 400<v_p<4 000 软质岩：1 500<v_p<3 000
强风化	岩石及大部分矿物变色，形成次生矿物	岩体结构已大部分破坏，形成碎块状或球状结构	风化裂隙发育，岩体破碎，风化物呈碎石状或碎石含砂状，裂隙间距小于0.2 m，完整性差	用手锤可击碎，用镐可以掘进，用锹则很困难，干钻可钻进	硬质岩：0.4<K_p K_f≤0.4 软质岩：K_f≤0.3	硬质岩：≤0.6 软质岩：0.3<K_p≤0.5	硬质岩：1 000<v_p<2 000 软质岩：700<v_p<1 500
全风化	岩石、矿物已完全变色，大部分发生变异，除石英外大部分风化成土状	岩体结构已完全破坏，仅外观保持原岩特征，矿物晶体失去连接，石英松散成粒状	风化破碎呈碎屑状、土状或砂状	用手可捏碎，用镐就可掘进，干钻较易钻进	硬质岩：K_p≤4 软质岩：K_p≤0.3		硬质岩：500<v_p≤5 000 软质岩：300<v_p<700

注：① K_f是同一岩石中风化岩石的单轴饱和抗压强度与未风化岩石的单轴饱和抗压强度的比值。
② K_p是同一岩体中风化岩体的纵波波速与未风化岩体纵波波速的比值。

附录五 岩土施工工程分级

等级	分类	岩土名称及特征	钻 1 m 所需时间			岩石单轴饱和抗压强度/MPa	开挖方法
			液压凿岩台车、潜孔钻机/净钻分钟	手持风枪湿式凿岩合金钻头/净钻分钟	双人打眼/工天		
I	松土	砂类土、种植土、未经压实的填土					用铁锹挖，脚蹬一下到底的松散土层，机械能全部直接铲挖，普通装载机可满载
II	普通土	坚硬的，可塑的粉质黏土，可塑的黏土，膨胀土，粉土，Q_3、Q_4黄土，稍密、中密角砾土和圆砾土，松散的碎石土、卵石土，压密的填土，风积沙					部分用镐刨松，再用锹挖，脚连蹬数次才能挖动。挖掘机、带齿尖口装载机可载满、普通装载机可直接铲挖，但不能满载
III	硬土	坚硬的黏性土、膨胀土，Q_1、Q_2黄土，稍密、中密碎石土和卵石土，密实的圆砾土、角砾土，各种风化成土状的岩石					必须用镐先全部刨过才能用锹挖。挖掘机。带齿尖口装载机不能满载；大部分采用松土器松动方能铲挖装载
IV	软石	块石土、漂石土，含块石、漂石 30%～50% 的土及密实的碎石土、卵石土，岩盐；各类较软岩、软岩及成岩作用差的岩石；泥质岩类、煤、凝灰岩、云母片岩、千枚岩		<7	<0.2	<30	部分用撬棍及大锤开挖或挖掘机、单钩裂土器松动，部分需借助液压冲击镐解碎或部分采用爆破法开挖
V	次坚石	各种硬质岩：硅质页岩、钙质岩、白云岩、石灰岩、泥灰岩、玄武岩、片岩、片麻岩、正长岩、花岗岩	≤10	7～20	0.2～1.0	30～60	能用液压冲击镐解碎，大部分需用爆破法开挖
VI	坚石	各种极硬岩：硅质砾岩、硅质砂岩、石灰岩、石英岩、大理岩、玄武岩、闪长岩、花岗岩、角岩	>10	>20	>1.0	>60	可用液压冲击镐解碎，需用爆破法开挖

注：① 软土（软黏性土、淤泥质土、淤泥、泥炭质土、泥炭）的施工工程分级，一般可定为Ⅱ级；多年冻土一般可定为Ⅳ级。

② 表中所列岩石均按完整岩体结构考虑，若岩体极破碎、节理很发育或强风化时，其等级应按表对应岩石的等级降低一个等级。

附录六　铁路隧道围岩分级

一、铁路隧道围岩基本分级

级别	岩体特征	土体特征	纵波速度/（km/s）
I	极硬岩，岩体完整	—	>4.5
II	极硬岩，岩体较完整；硬岩，岩体完整	—	3.5~4.5
III	极硬岩，岩体较破碎；硬岩或软硬岩互层，岩体较完整；较软岩，岩体较完整	—	2.5~4.0
IV	极硬岩，岩体破碎；硬岩较破碎或破碎；较软岩或软硬岩互层，且以软岩为主，岩体较完整或较破碎；软岩，岩体完整或较完整	具压密或成岩作用的黏性土、粉土及砂类土，一般钙质、铁质胶结的碎、卵石土、大块石土，Q_1、Q_2黄土	1.5~3.1
V	软岩，岩体破碎至极破碎；全部极软岩及全部极破碎岩（包括受构造影响严重的破碎带）	一般第四系坚硬、硬塑黏性土，稍密及以上、稍湿、潮湿的碎、卵石土、圆砾土、角砾土、粉土及Q_3、Q_4黄土	1.0~2.0
VI	受构造影响严重呈碎石角砾及粉末、泥土状的断层带	软塑状黏性土、饱和的粉土、砂类土等	<1.0（饱和状态<1.5）

二、岩石坚硬程度的划分

岩石单轴饱和抗压强度/MPa	$R_c>60$	$60 \geqslant R_c>30$	$30 \geqslant R_c>15$	$15 \geqslant R_c>5$	$R_c \leqslant 5$
坚硬程度	极硬岩	硬岩	较软岩	软岩	极软岩

三、岩体完整程度的划分

完整程度	结 构 面 特 征	结构类型	岩体完整性指数/K_v
完整	结构面1~2组，以构造型节理或层面为主，密闭型	巨块状整体结构	$K_v>0.75$
较完整	结构面2~3组，以构造型节理或层面为主，裂隙多呈密闭型，部分为微张型，少有充填物	块状结构	$0.55<K_v \leqslant 0.75$
较破碎	结构面一般为3组，以节理及风化裂隙为主，在断层附近受构造影响较大，裂隙以微张型和张开型为主，多有充填物	层状、块石碎石状结构	$0.35<K_v \leqslant 0.55$
破碎	结构面大于3组，多以风化型裂隙为主，在断层附近受断层作用影响大，裂隙宽度以张开型为主，多有充填物	碎石角砾状结构	$0.15<K_v \leqslant 0.35$
极破碎	结构面杂乱无序，在断层附近受断层作用影响大，宽张裂隙全为泥质或泥夹层岩屑充填，充填物厚度大	散体状结构	$K_v \leqslant 0.15$

四、地下水分级修正

隧道围岩受地下水影响时，应进行分级修正。当围岩无水时采用其围岩基本分级；当有少量水时，围岩基本分级Ⅲ～Ⅴ级者应对应修正为Ⅳ～Ⅵ级；当地下水量较大时围岩基本分级Ⅰ～Ⅴ级者应对应修正为Ⅱ～Ⅵ级。

五、高地应力分级修正

修正 基本分级 应力状态	Ⅰ	Ⅱ	Ⅲ	Ⅳ	Ⅴ	Ⅵ
极高应力	Ⅰ	Ⅱ	Ⅲ或Ⅳ	Ⅴ	Ⅵ	—
高应力	Ⅰ	Ⅱ	Ⅲ	Ⅳ或Ⅴ②	Ⅵ	—

注：① 围岩岩体为较破碎的极硬岩、较完整的硬岩时定为Ⅲ级，围岩岩体为较完整的软岩、较完整的软硬岩互层时定为Ⅳ级；
② 围岩岩体为破碎的极硬岩、较破碎硬岩时定为Ⅳ级，围岩岩体为极完整及较完整的软岩，较完整及较破碎的较软岩时定为Ⅴ级。

六、浅埋分级修正

隧道洞身埋藏较浅，应根据围岩受地表的影响情况进行分级修正。当围岩为风化层时应按风化层的围岩基本分级考虑，围岩仅受地表影响时，应较相应围岩降低1～2级。

附录七 地震动峰值加速度分区与地震基本烈度对照表

地震动峰值加速度分区/g	<0.05	0.05	0.1	0.15	0.2	0.3	≥0.4
地震基本烈度	<Ⅵ	Ⅵ	Ⅶ	Ⅶ	Ⅷ	Ⅷ	≥Ⅸ

参 考 文 献

[1] 韩毅，李隽秀. 铁路工程地质. 北京：中国铁道出版社，1994.

[2] 李隽秀，谢强. 土木工程地质. 成都：西南交通大学出版社，2001.

[3] 胡厚田，白志勇. 土木工程地质. 北京：高等教育出版社，2009.

[4] 史如平. 土木工程地质学. 南昌：江西高校出版社，1994.

[5] 徐开礼，朱志澄. 构造地质学（第二版附本）. 北京：地质出版社，1989.

[6] 李永良，李北平. 构造地质学及地质制图学实习实验指导书. 北京：煤炭工业出版社，1985.

[7] 杨连生. 水利水电工程地质实习指导书. 北京：中国水利水电出版社，2008.

[8] 柳成志，马凤荣. 北戴河地区地质实习指导书. 北京：石油工业出版社，2006.

[9] 苏生瑞，王贵荣，黄强兵. 地质实习教程. 北京：人民交通出版社，2005.

[10] 陈晓慧，陆廷清. 峨眉山地区地质实习与考察指南. 北京：石油工业出版社，2009.

[11] 戚筱俊. 《工程地质及水文地质实习、作业指导书. 北京：中国水利水电出版社，1997.

[12] 《峨眉山志》编纂委员会. 峨眉山志. 成都：四川科学出版社，1997.

[13] 田家乐. 峨眉山. 北京：中国建筑工业出版社，1998.

[14] 铁道部第一勘测设计院. 铁路工程地质技术规范. 北京：中国铁道出版社，1992.

[15] 《铁路工程地质勘察规范》（TB 10012—2001）. 北京：中国铁道出版社，2001.

[16] 《铁路工程不良地质勘察规程》（TB 10027—2001）. 北京：中国铁道出版社，2001.

[17] 《铁路工程特殊岩土勘察规程》（TB 10038—2001）. 北京：中国铁道出版社，2001.

[18] 《铁路工程岩土分类标准》（TB 10077—2001）. 北京：中国铁道出版社，2001.

[19] 《中国地震动参数区划图》（GB 18306—2001）. 北京：中国建筑工业出版社，2001.